Otmar Guckenberger
Farbenlehre für Handwerksberufe

Farbenlehre für Handwerksberufe

Otmar Guckenberger

Farbenlehre für Handwerksberufe

Deutsche Verlags-Anstalt
Stuttgart

CIP-Kurztitelaufnahme der Deutschen Bibliothek

Guckenberger, Otmar:
Farbenlehre für Handwerksberufe / Otmar Guckenberger. –
Stuttgart: Deutsche Verlags-Anstalt, 1984.
ISBN 3-421-02824-9

© 1984 Deutsche Verlags-Anstalt GmbH, Stuttgart
Alle Rechte vorbehalten
Lektorat: Renate Jostmann
Satz und Druck: Süddeutscher Zeitungsdienst, Aalen
Bindearbeit: Wilhelm Röck, Weinsberg
Printed in Germany

Inhalt

Vorwort 6

1. Farbenlehre

1.1. Überblick 7
1.2. Physiologische Grundbegriffe 8
1.3. Physikalische Grundbegriffe 10
1.4. Farbmetrik 14
1.5. Ordnen der Farben 16
1.6. Farbkontraste 20
   Lernzielkontrolle 42
   Aufgaben 42

2. Farbe – Handwerk

2.1. Überblick 43
2.2. Techniken 43
2.3. Werkzeug, Material, Untergründe 43
2.4. Pinselübungen 45
2.5. Subjektive Farbausmischung 50
2.6. Techniken 53
2.7. Farbauftrag – Techniken 58
2.8. Material 66
   Lernzielkontrolle 68
   Aufgaben 68

3. Farbe – Architektur

3.1. Farbwirkung 69
3.2. Farbe – Innenraum 73
3.3. Farbe – Außenraum 102
   Lernzielkontrolle 122
   Aufgaben 122

4. Farbordnungen
4.1. Farbpsychologie 123
4.2. Farbsymbolik 123
4.3. Technische Farbsymbolik 124
4.4. Kennfarben nach DIN 2403 126
4.5. Farbregister RAL 840 HR 127
4.6. DIN-Farbenkarte 128
4.7. NCS – Natural Colour System 129
4.8. ACC-Farbsystem 131
   Lernzielkontrolle 132

   Kontrollvergleiche 132
   Literaturverzeichnis 135
   Abbildungsnachweis 136
   Register 136

Vorwort

Die Farbe ist eine der faszinierendsten und vielfältigsten Erscheinungen im täglichen Leben. Der Umgang mit ihr erfordert Wissen, Kreativität, Erfahrung und handwerkliches Können.

Alle Handwerker und Gestalter, die sich mit Farbe und Farbgestaltung beschäftigen, können zu einer Verschönerung und Veränderung unserer Umwelt beitragen. Jeder auf diesem Gebiet Tätige sollte die Zahl der Möglichkeiten einer Gestaltung mit Farbe kennen und sie nutzen.

Die Vielfalt an Farben, die uns zur Verfügung steht, erschwert gleichzeitig ihre Anwendung. Wir benötigen ein entsprechendes Wissen und Erfahrung im Umgang mit Farbe, um die an uns gestellte Aufgabe zu meistern. Das heißt, die Grundbegriffe über Farbe und ihre Wirkung müssen erlernt und durch eigene Übungen begriffen und vertieft werden. Objektivität sollte sich durch Beobachten von Farbbeziehungen unter wechselnden Voraussetzungen einstellen. Dies ist ein Lernprozeß, der einer ständigen laufenden Ergänzung, Erweiterung und Korrektur bedarf.

Dieses Fachbuch behandelt die Themen „Farbenlehre", „Farbe – Handwerk", „Farbe – Architektur" und „Farbordnungen". Sie sind die Grundlagen einer beruflichen Ausbildung für Unterricht und Praxis. Der gesamte Stoff ist pädagogisch aufbereitet. Die zwischengeschalteten Lernzielkontrollen ermöglichen eine Überprüfung des Lernstoffes und vertiefen das Grundwissen, außerdem sollen Aufgabenstellungen eine Hilfe und Anregung für Unterricht, Ausbildung, Selbststudium und Praxis sein. Die Abbildungen veranschaulichen die Farbenlehre und ihre Anwendung im handwerklichen, technischen und künstlerischen Bereich und geben Anreiz für eigenes gestalterisches Arbeiten.

Ideelle Hilfe und Unterstützung bei der Erstellung dieses Buches erhielt ich von den Lehrern Frank Mezger, Agathe Baumann, Heinrich Kraus, Herbert Zipperlen, Albrecht Gast, Franz Scheibl, Schulleiter Johannes Gräter und von Schülern der Gewerblichen Berufs-, Berufsfach- und Fachschule für Farbe und Gestaltung sowie von Herrn Apel, Chefredakteur des Deutschen Malerblatts.

Ihnen allen gilt an dieser Stelle mein herzlicher Dank.

Otmar Guckenberger

1. Farbenlehre

1.1. Überblick

Allgemeines

In der Fähigkeit, Farben zu sehen, ist der Mensch allen anderen Lebewesen unseres Planeten überlegen. Die meisten Lebewesen der Erde sind nahezu oder ganz farbenblind. Einige nehmen Farbe wahr, jedoch nicht in einem gleich breiten Spektrum wie der Mensch. Außerdem ist der Mensch befähigt, Farben anzuwenden. Sie sind für alle Menschen ein wesentlicher Teil ihrer Umwelt: im Außen- oder Innenraum, in der Natur oder im künstlich umbauten Raum.

Die Vielfalt an Farben, die uns zur Verfügung steht, erschwert den Umgang mit ihnen. Um die an uns gestellte Aufgabe bezüglich der Farben zu meistern, benötigen wir ein entsprechendes Wissen, Erfahrung und den Umgang mit ihnen. Das heißt, die Grundbegriffe über Farbe und ihre Wirkung müssen erlernt und durch eigene Übungen erkannt, begriffen und vertieft werden. Dies ist ein Lernprozeß, der einer ständigen Ergänzung, Erweiterung und Korrektur bedarf.

Definition Farbe

Farbe ist ein durch das Auge vermittelter Sinneseindruck, eine optische Erscheinung. Sie wird ausgelöst durch Lichtstrahlen, die auf das Auge treffen. Dabei entstehen im Auge Farbreize, die in uns die Farbempfindung auslösen.

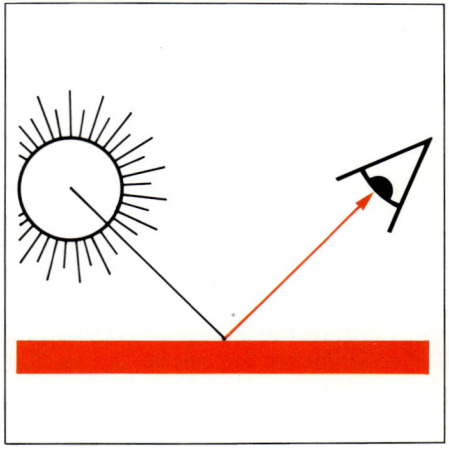

Farbe – Wissenschaften

Die Farben können von verschiedenen Fachgebieten – Wissenschaften – aus gesehen und studiert werden.

Dies sind:
- Physiologie
- Physik
- Chemie
- Psychologie
- Ästhetik

1.2. Physiologische Grundbegriffe

Allgemeines

Physiologie ist die Lehre von den normalen Lebensvorgängen. Sie befaßt sich mit den Leistungen und Arbeitsweisen einzelner Organe sowie ihrer funktionellen Zusammenhänge.

Der Physiologe untersucht die verschiedenen Wirkungen des Lichts und der Farbe auf unser Auge und Gehirn und deren anatomische Funktionen. Hierbei unterscheidet man das Hell-Dunkel-Sehen, das Sehen der bunten Farben und das Sehen von Nachbildern.

Gesichtssinn

Zum Gesichtssinn zählen alle Teilorgane, die am Sehvorgang beteiligt sind:
- Auge
- Sehnervenbahnen
- Sehzentrum im Gehirn

Der Gesichtssinn unterstützt den Menschen mehr als jedes andere Sinnesorgan bei der Orientierung und Informationsaufnahme.

Das Auge

Das Auge ist der Sehapparat des Menschen und dient zur Wahrnehmung von Licht- und Bildreizen.

Wichtige Teile des Auges:
- Hornhaut
- Iris
- Glaskörper
- Linse
- Netzhaut
- Sehnerv

Ansicht und Schnitt durch das Auge

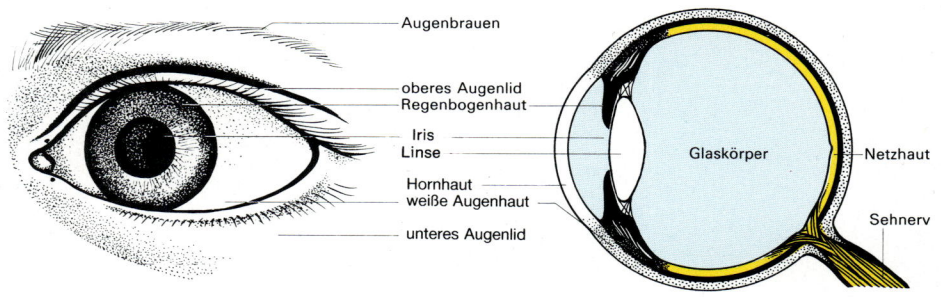

Hornhaut

Die Hornhaut ist durchsichtig und ermöglicht den Einfall des Lichts ins Augeninnere. Sie schützt das Auge.

Iris

Iris nennt man den vorderen sichtbaren Teil der Adernhaut. Sie dient der Ernährung des Auges und heißt auch Regenbogenhaut. Die kreisrunde Öffnung der Iris, die Pupille, wird in der Dunkelheit erweitert und bei Helligkeit verengt.

Glaskörper

Der Glaskörper ist eine das Innere des Auges ausfüllende, gallertartige, aus konzentrisch angeordneten Fasern bestehende, durchsichtige Masse. Sie befindet sich zwischen Linse und Netzhaut.

Linse

Die Linse ist der elastisch veränderliche Teil des optischen Systems des Auges. Das optische System – Hornhaut, Vorder- und Hinterkammer, Pupille, Linse und Glaskörper – entwirft auf der Netzhaut ein umgekehrtes, verkleinertes Bild des Wahrgenommenen. Durch ihre Elastizität kann die Linse unterschiedliche Krümmungen annehmen und somit ihre Brennweite verändern. Dabei erscheinen nahe und ferne Gegenstände jeweils als scharfes Bild auf der Netzhaut.

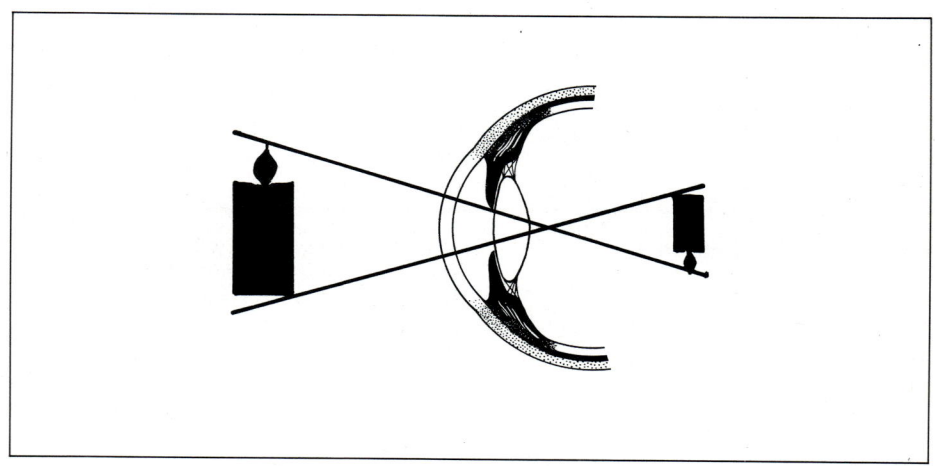

Netzhaut

Die Netzhaut enthält lichtempfindliche Elemente (Sehzellen), die als Stäbchen und Zapfen bezeichnet werden. Ungefähr 130 Millionen Stäbchen und 7 Millionen Zapfen sind auf der Netzhaut angesiedelt. Im Zentrum der Netzhaut befinden sich vorwiegend die Zapfen und in den Randbezirken die Stäbchen. Die Stäbchen dienen dem Hell-Dunkel-Sehen und die Zapfen dem Farben-Sehen. Stäbchen und Zapfen leiten durch Sehnerven die aufgenommenen Bilder weiter zum Gehirn.

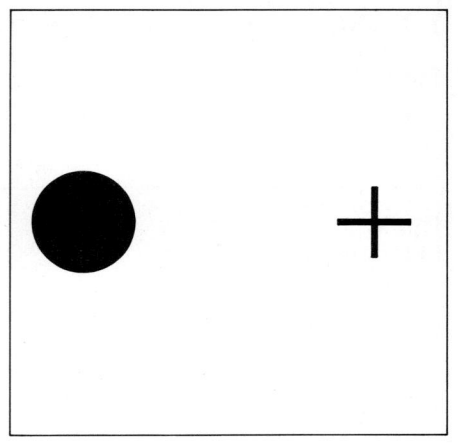

Im mathematischen Achsenpunkt der Netzhaut ist die Stelle des schärfsten Sehens, d. h. die größte Farbempfindlichkeit und Sehschärfe. Wo der Sehnerv aus der Netzhaut austritt, fehlen die Sehzellen. Diese Stelle nennt man den blinden Fleck.

Schließt man das rechte Auge und fixiert aus ca. 15 cm Entfernung das Kreuz, so verschwindet der Kreis. Dies ist der Nachweis des blinden Flecks.

Sehnerv

Der in Stäbchen und Zapfen endende Sehnerv ist mit der Netzhaut verbunden und leitet die Bilder weiter zum Gehirn, welches die Bilder auswertet. Der Sehnerv selbst ist für direkte Lichteinflüsse unempfindlich. Er ist kein eigentlicher Nerv, sondern ein vorgeschobener Gehirnteil. Im Schädelinnern vereinigen sich die Sehnerven beider Augen, wobei sie sich nach bestimmten Gesetzmäßigkeiten kreuzen und wieder aufteilen. Der Großteil der Sehnervenbahnen führt bis zur Großhirnrinde. Diese ist der eigentliche Träger der optischen Sinnesempfindung.

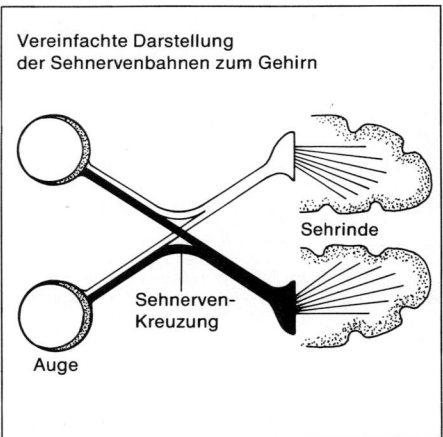

Sehen

Von allen Gegenständen gehen bei genügender Belichtung Lichtstrahlen aus. Sie gelangen durch die Linse und ergeben mit deren Hilfe ein Bild auf der Netzhaut. Diese Licht- und Farbeindrücke werden von den Millionen Stäbchen und Zapfen verarbeitet und über den Sehnerv als Nervenerregung an das Gehirn weitergeleitet. Daß wir nacheinander nahe und ferne Dinge scharf sehen können, hängt mit der Fähigkeit der Linse zusammen, ihre Krümmung zu verändern. Schauen wir in die Ferne, wird sie abgeflacht; blicken wir in die Nähe, so krümmt sie sich stärker. Die Linsenveränderung geschieht automatisch ohne unser Zutun. Wir sind jedoch nicht in der Lage, gleichzeitig scharf in die Nähe und in die Ferne zu sehen.

Erst mit beiden Augen sehen wir räumlich und können die Stellung von Gegenständen im Raum richtig beurteilen, ihre Entfernung besser schätzen. Erfahrung spielt dabei eine große Rolle.

Ein gesundes Auge kann bei normaler Beleuchtung mehr als 100 000 Farbvalenzen unterscheiden.

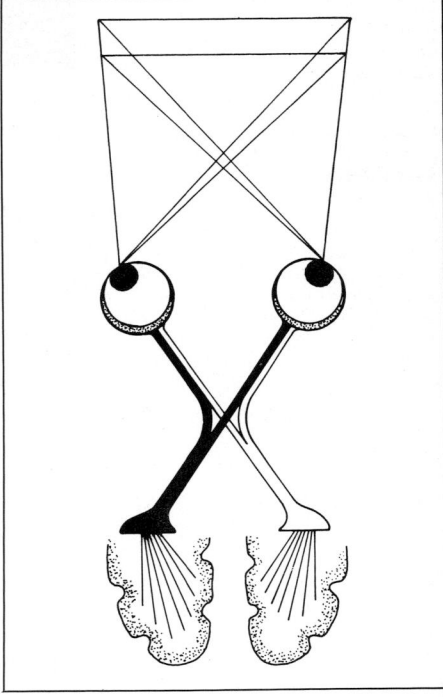

1.3. Physikalische Grundbegriffe

Physik

Physik ist die Lehre von den unbelebten Dingen der Natur, die exakt meßbar sind. Sie ist die Wissenschaft von der Bewegung und den allgemeinen Eigenschaften der Materie. Von den verschiedenen Gebieten der Physik ist die Optik für die Farbenlehre am bedeutsamsten.

Optik
Lichtstrahlen

Die Optik ist die Lehre vom Licht. Licht ist eine elektromagnetische Strahlung, die sich in Wellenbewegung, auch Schwingung genannt (ähnlich den Wellen des Wassers), mit der Geschwindigkeit von 300 000 km/s im Raum ausbreitet. Der Wellenbereich des Lichts liegt zwischen 380 nm und 750 nm.
1 Nanometer (nm) = 10^{-9} Meter = 1/1 000 000 000 m

Jede Wellenlänge der sichtbaren Strahlung wird vom Auge als eine bestimmte Spektralfarbe empfunden. Die Folge dieser Farben entspricht der Farbordnung des Regenbogens. Innerhalb der Lichtstrahlen werden langwellige und kurzwellige unterschieden. So zählen zu den langwelligen Strahlen die warmen Farbtöne (Abendrot), zu den kurzwelligen die kalten Farbtöne.

Man unterscheidet:

- langwellig
  - hörbar
    - Telegrafie
    - Rundfunk
  - spürbar
    - Wärmestrahlen
  - sichtbar
    - Lichtstrahlen
    - ultraviolette Strahlen
- kurzwellig
  - unsichtbar
    - Röntgenstrahlen
    - Gammastrahlen

Skala elektromagnetischer Schwingungen

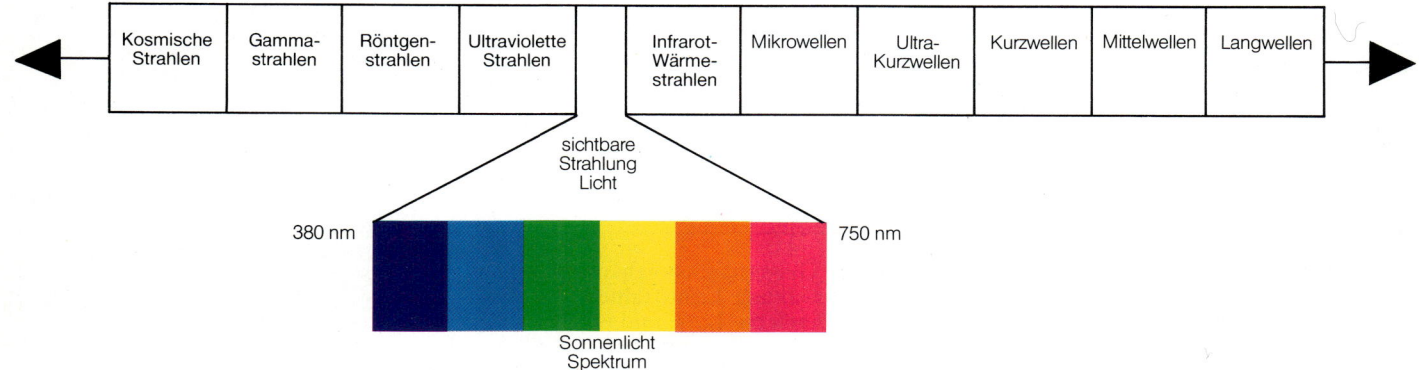

Lichtquellen

Die Sonne, Glühlampen, brennende Gegenstände, Leuchtstoffröhren strahlen Licht aus.
Die Ursache für die Lichtstrahlung der Sonne sind Kernreaktionen.
In der Glühlampe setzt der Glühdraht dem durchfließenden Strom einen hohen Widerstand entgegen. Dabei erwärmt er sich so stark, daß er zu glühen beginnt und Lichtstrahlen aussendet.
Bei den Leuchtstoffröhren werden durch hohe Spannungen Gase und Metalldämpfe zum Aufleuchten gebracht.
Bei brennenden Gegenständen (Kerze) ist die Lichtentstehung die Begleiterscheinung eines chemischen Vorgangs (Oxidation). Die Lichtstrahlung wird dabei vorwiegend durch glühenden Ruß erzeugt.

Lichtbrechung

Läßt man einen Lichtstrahl durch ein Glasprisma fallen, wird dieser zweimal gebrochen (einmal beim Übergang von Luft in Glas, das zweitemal beim Übergang von Glas in Luft). Fängt man den gebrochenen Lichtstrahl auf einem weißen Schirm auf, läßt sich ein leuchtendes Farbband beobachten, bei dem die Farben Rot, Orange, Gelb, Grün, Blau und Violett wie beim Regenbogen deutlich zu erkennen sind.

Das Farbband nennt man Spektrum, die einzelnen Farben Spektralfarben. Im Sonnenlicht sind dementsprechend die Spektralfarben Rot, Orange, Gelb, Grün, Blau und Violett enthalten.

Der Physiker Isaak Newton hat im Jahre 1676 experimentell und theoretisch die Zerlegung des weißen Lichts in die Farben des Spektrums nachgewiesen.

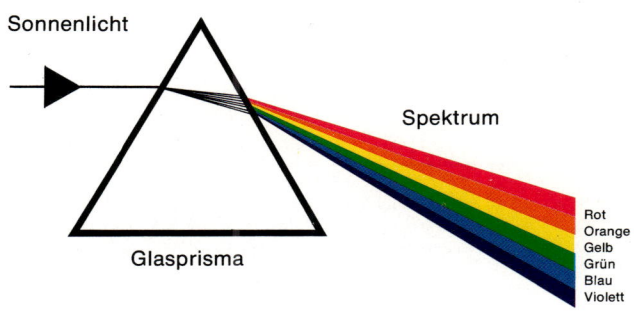

Lichtfarben – additive Farbmischung

Werden alle Farben des Spektrums durch eine Sammellinse zusammengeführt, so erhält man wieder weißes Licht. Dieses optische Mischen der Farben geschieht durch Hinzufügen, durch Addieren. Es wird hiermit der Nachweis erbracht, daß weißes Licht aus farbigen Bestandteilen zusammengesetzt ist. Das Mischen mit Lichtfarben bezeichnet man deshalb als additive Farbmischung.

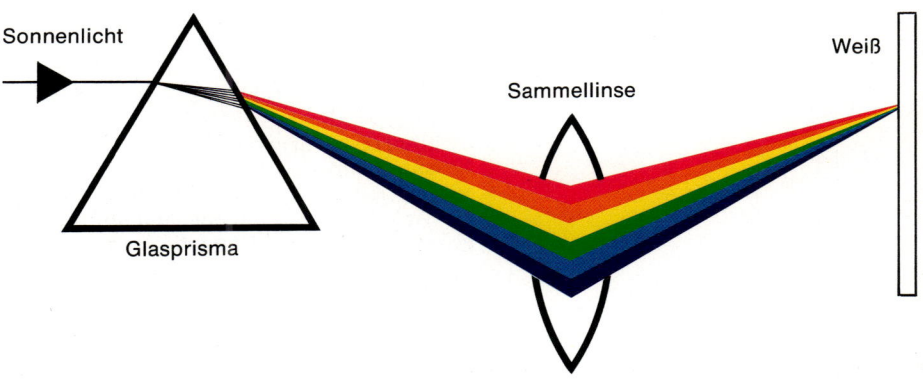

Der englische Physiker Young, ein Nachfahre Newtons, hat im Jahre 1827 die Lehre verbreitet, daß sich aus den Lichtfarben Rot, Grün und Violett alle anderen Farben erzeugen lassen. Seit dieser ersten sogenannten Dreikomponentenlehre gelten Rot, Grün und Violett als Grundfarben additiver Farbmischung.

Rot   + Grün = Gelb
Violett + Rot   = Purpur
Violett + Grün = Blau
Endergebnis   = Weiß

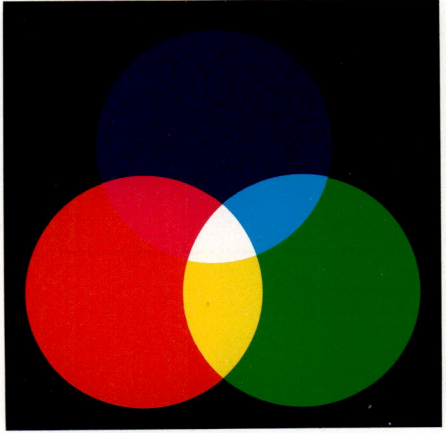

additive Farbmischung

Farbiges Sehen	Zum Sehen sind Auge, Körper und Licht erforderlich. Bei Dunkelheit bleiben alle nichtleuchtenden Körper dem Auge unsichtbar. Körper und Farben werden für uns erst durch auftreffende Lichtstrahlen sichtbar. Sein farbiges Aussehen erhält der Körper durch die reflektierten Lichtstrahlen. Der Rest der Lichtstrahlen wird absorbiert.	Auge 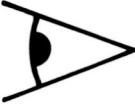 Körper 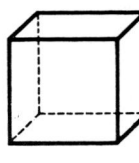 Licht 

Reflexion

Fällt Licht auf eine glatte, ebene Fläche, so wird es im gleichen Winkel zurückgestrahlt. Diesen Vorgang nennt man Reflexion.

Man unterscheidet gerichtete Reflexion und diffuse Reflexion.

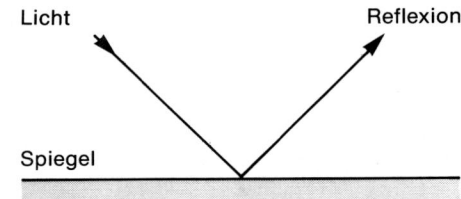

Gerichtete Reflexion

Treffen parallele Lichtstrahlen auf eine ebene, polierte Fläche, so werden sie parallel zurückgeworfen. Man spricht von einer gerichteten Reflexion. Die Oberfläche erscheint glänzend.

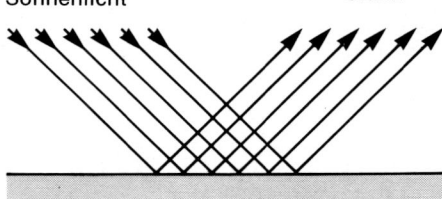

Diffuse Reflexion

Treffen Lichtstrahlen auf eine unebene, rauhe Fläche, so trifft jeder einzelne Lichtstrahl in einem anderen Winkel auf die verschiedenen Oberflächenebenen. Dadurch wird jeder Lichtstrahl in einem anderen Winkel und somit in eine andere Richtung reflektiert. Das Licht reflektiert nicht parallel, sondern diffus. Die Oberfläche erscheint matt.

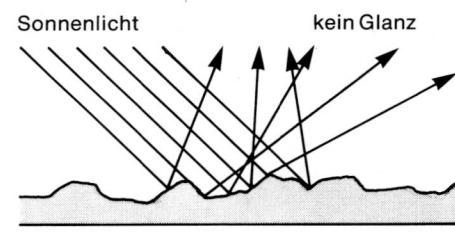

Remission
(gestreute Rückstrahlung)

Remission ist das Zurückwerfen von Licht an undurchsichtigen Flächen.

Treffen Lichtstrahlen auf eine Oberfläche, deren molekulare Beschaffenheit die Lichtstrahlen eindringen läßt und sie erst dort umlenkt (reflektiert), so werden diese stets diffus zurückgeworfen. Der Oberflächeneindruck ist matt.

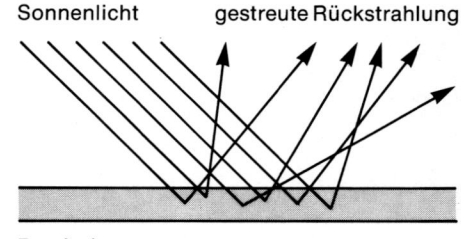

Transmission

Transmission ist die Durchlässigkeit von Lichtstrahlen durch einen Stoff, z. B. Glas. Bestimmte Stoffe haben die Eigenschaft, paralleles Licht passieren zu lassen. Solche Stoffe erscheinen farblos oder farbig durchsichtig.

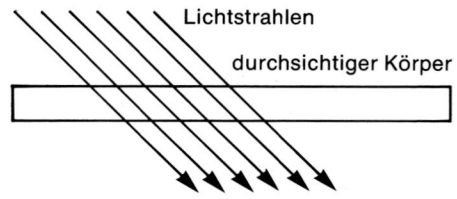

Refraktion

Dringt ein Lichtstrahl aus einem optisch dünneren Stoff (z. B. Luft) in einen optisch dichteren Stoff (z. B. Wasser), so setzt er seinen Weg in anderer Richtung fort. Diese Erscheinung heißt Refraktion oder Brechung des Lichts.

Die Brechkraft der einzelnen Stoffe ist unterschiedlich. Sie wird durch die Brechungszahl ausgedrückt.

Beispiele: Luft 1,00
Wasser 1,33
Quarzglas 1,54
Zinkoxid 2,00

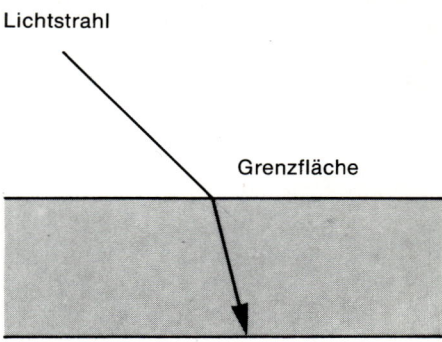

Absorption

Absorption heißt Verschlucken oder Aufsaugen. Bestimmte Stoffe haben die Eigenschaft, die auf sie treffenden Lichtstrahlen zu verschlucken und die durch sie hindurchgehenden Strahlen abzuschwächen (teilweise zu absorbieren).

Absorbiert ein Körper alles auffallende Licht, ist er schwarz.

Reflektiert ein Körper alles auffallende Licht, ist er weiß.

Farbige Körper absorbieren einen Teil der auffallenden Lichtstrahlen und reflektieren den Rest. Von einem roten Körper wird demnach die rote Spektralfarbe reflektiert, die anderen Spektralfarben werden absorbiert.

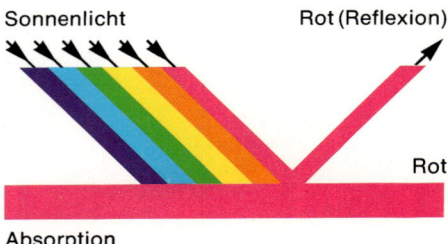

Körperfarben – subtraktive Farbmischung

Die Körperfarben sind Absorptionsfarben; ihre Mischungen unterliegen den Gesetzen der Subtraktion. Wenn komplementäre Farben oder Farbkompositionen vermischt werden, in denen die drei Grundfarben Gelb, Rot und Blau in bestimmten Mengenverhältnissen enthalten sind, so ergibt sich Schwarz als subtraktive Mischung. Diese Farben werden Grundfarben genannt, da sich aus ihnen alle anderen Farben durch Mischung herstellen lassen.

Gelb + Rot = Orange
Rot + Blau = Violett
Blau + Gelb = Grün
Endergebnis = Schwarz

subtraktive Farbmischung

1.4. Farbmetrik

Allgemeines

Das Farbensehen des Menschen ist ein komplizierter Mechanismus, in dem physiologische, physikalische, psychologische, chemische und ästhetische Prozesse ineinandergreifen. Wissenschaftler und Gestalter haben Gesetzmäßigkeiten und Ordnungssysteme entdeckt und entwickelt, die diese Vielfältigkeit der Farbe erklärbarer und begreiflicher machen und uns den Umgang mit Farbe erleichtern.

Eine objektive Beurteilung der Farbe ist für den Menschen sehr schwierig, wenn nicht unmöglich. Farbe erzeugt Gefühle; sie kann stimulieren oder deprimieren. Deshalb kann der Mensch die Farbe nur subjektiv beurteilen. Außerdem hängt die Farbe von den Lichtverhältnissen und von der Umgebung ab (Abb. 1). Ein und dieselbe Person wird eine Farbe zu verschiedenen Tageszeiten und in verschiedenen Räumen unterschiedlich beurteilen. Hinzu kommt, daß jeder Mensch eine Farbe individuell empfindet und bewertet. Alle diese Faktoren machen es notwendig, ein Instrumentarium zu besitzen, mit dessen Hilfe man Farben exakt und objektiv messen und kontrollieren kann, wie dies auch bei anderen Industrieerzeugnissen üblich ist. Dieses Farbmessen bezeichnet man als Farbmetrik.

Dasselbe Grün erscheint in der gelbgrünen Umgebung blaustichig, in der blaugrünen Umgebung gelbstichig.
Diese Erscheinung wird ganz deutlich, wenn man die Grenzlinie zwischen Gelbgrün und Blaugrün mit einem neutralen Papierstreifen oder einem Bleistift verdeckt.

Farbmetrik

Die Farbmetrik stellt sich die Aufgabe, mit entsprechenden technischen Geräten die Farbe durch Messung nach Farbton, Helligkeit und Sättigung physikalisch-mathematisch genau festzulegen und mit Zahlenwerten auszudrücken (Abb. 2). Zur Messung dienen die Optimalfarben des Farbenraums der CIE-Farbtafel DIN 5033 (CIE = Commission Internationale de l'Eclairage) (Abb. 1, S. 15). Dieser baut sich auf der additiven Farbmischung von drei Primärvalenzen auf.

x = Grad der Rot-Anregung
y = Grad der Grün-Anregung
z = Grad der Blau-Anregung

Die Messung einer Farbe besteht darin, auf rechnerischem Wege festzustellen, wie stark die drei Reizzentren Rot, Grün und Blau von einer Farbe angesprochen werden, die ein bestimmtes Reflexionszentrum zeigt und von einer Lichtquelle mit bestimmter spektraler Lichtverteilung beleuchtet wird. Man erhält drei Werte, die mit den Symbolen x, y und z bezeichnet werden. Jede Farbe des CIE-Farbenraumes (Abb. 3, S. 15) ist zahlenmäßig darstellbar durch die Formel $x + y + z = 1$. Da sich die drei Werte stets zu 1 ergänzen, genügen schon zwei Werte bei der Angabe, sie kennzeichnen die Farbart in der Farbtafel. Die Helligkeit der Farben wird mit Y bezeichnet.

Die Kennzeichnung der Farben durch x, y, Y ist nicht anschaulich, sie ist abstrakt. Mit Hilfe von Farbenkarten lassen sich die Farbmaßzahlen übersetzen.

Messen einer Farbe am Farbmeßgerät.

Die Farbmetrik dient in erster Linie wissenschaftlichen Zwecken. Mit Hilfe dieser Meßmethode ist z. B. die Lack- und Farbenindustrie in der Lage, die Zusammensetzung von Farbtönen exakt zu messen und nachzumischen.

CIE-Farbtafel
DIN 5033

1

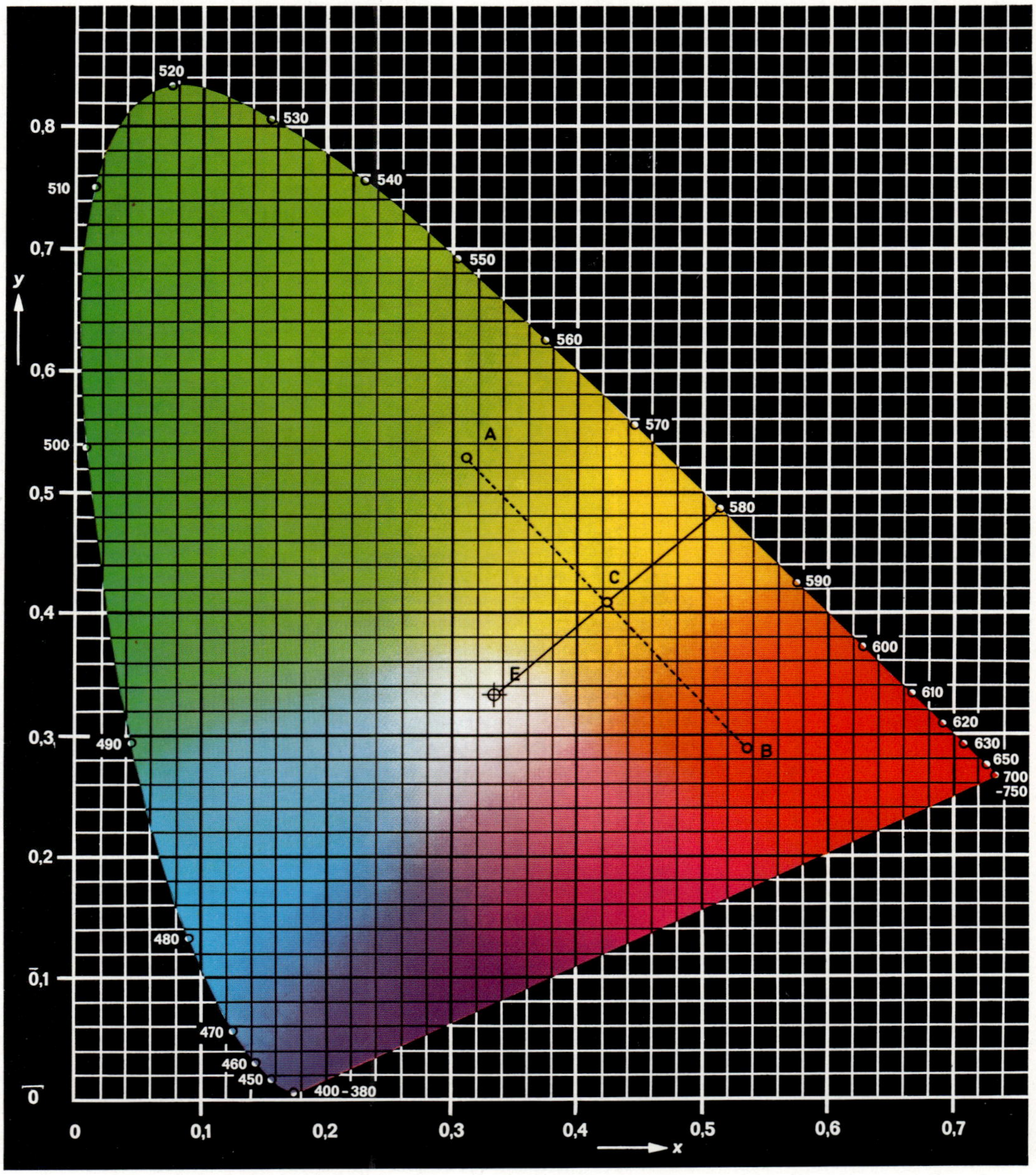

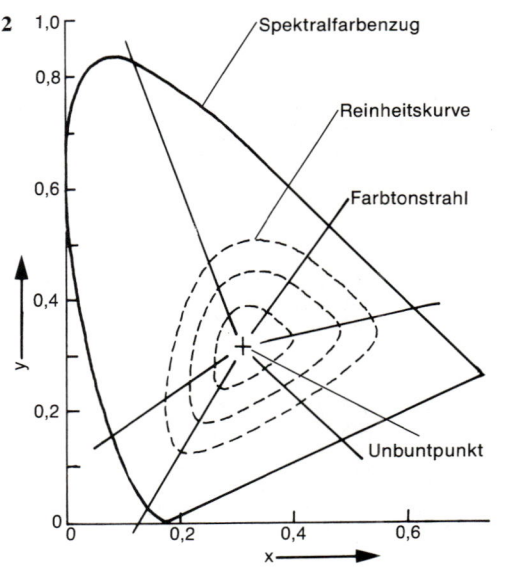

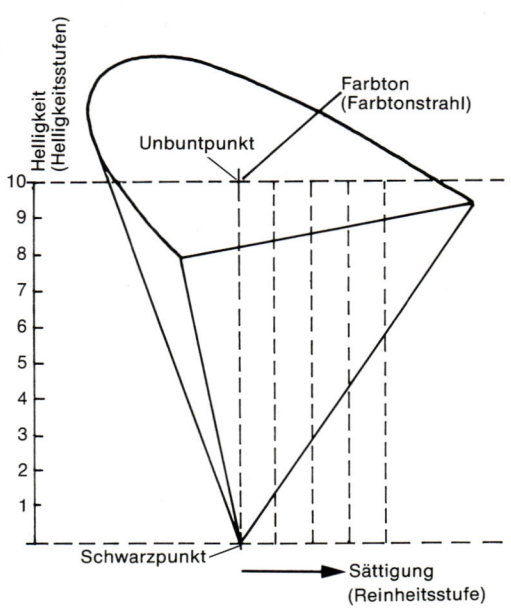

2 CIE-Farbtafel mit Farbtonstrahlen und Reinheitskurven.

3 Schematische Darstellung der CIE-Farbtafel als Farbraum mit den Kennzeichnungen nach Farbton, Sättigung und Helligkeit.

1.5. Ordnen der Farben

Allgemeines

Die Unterscheidungsfähigkeit des menschlichen Auges ist so groß, daß unsere Sprache nicht ausreicht, allen Farben einen unverwechselbaren Namen zu geben. Um Ordnung in diese Vielfalt zu bringen und die Farben benennen zu können, sind von Künstlern und Wissenschaftlern verschiedene Ordnungssysteme entwickelt worden. Eine der einfachsten und gebräuchlichsten Farbordnungen ist die Einteilung der Körperfarben nach ihren Ausmischungen.
Man unterscheidet:
- Primärfarben
- Sekundärfarben
- Tertiärfarben

Primärfarben

Die Primärfarben Gelb, Rot und Blau sind die sogenannten Grundfarben. Sie lassen sich nicht mehr in weitere Farben zerlegen.

Sekundärfarben

Die Sekundärfarben Orange, Violett und Grün mischen sich jeweils aus 2 Primärfarben.
Gelb + Rot = Orange
Rot + Blau = Violett
Blau + Gelb = Grün

Tertiärfarben

Die Tertiärfarben Gelbgrau, Rotgrau und Blaugrau sind die Ergebnisse einer Mischung aus Sekundärfarben.
Orange + Violett = Rotgrau
Violett + Grün = Blaugrau
Grün + Orange = Gelbgrau

Entsprechend dem größeren Mengenanteil einer Primärfarbe ergeben sich bei der Ausmischung Grautöne, die in die gelbe, rote oder blaue Farbrichtung tendieren.

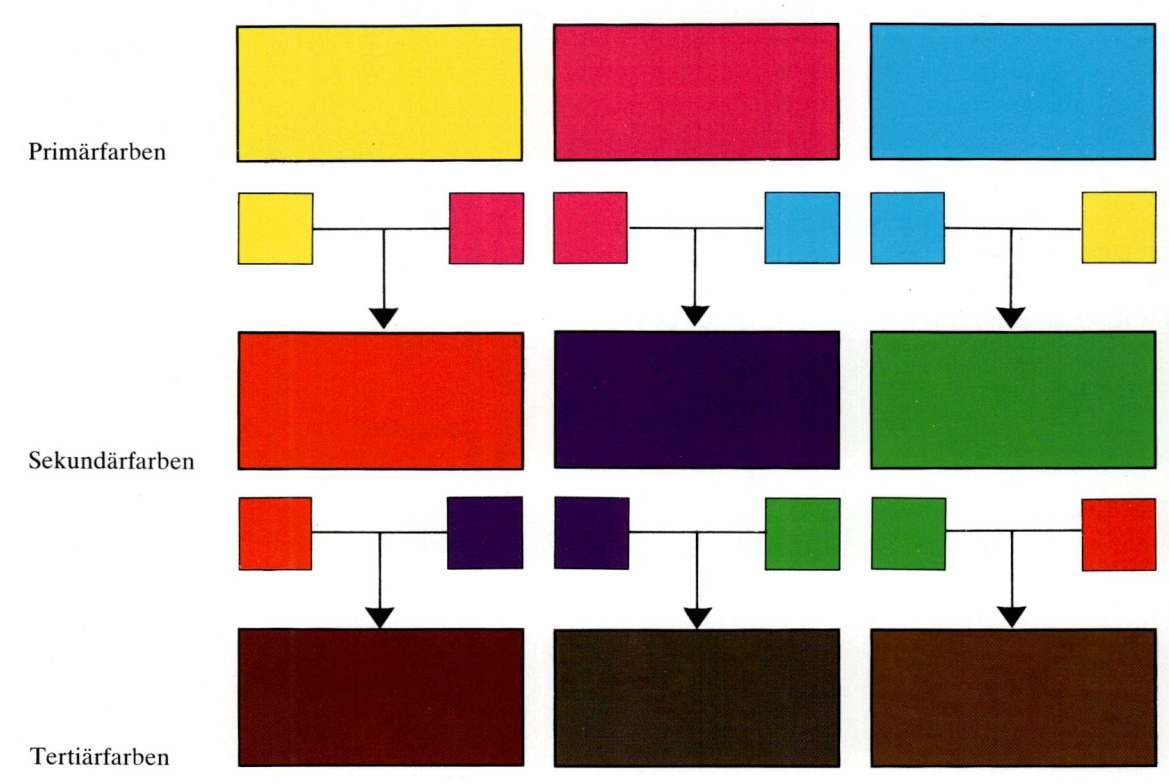

Schematische Darstellung der Ausmischung von Sekundär- und Tertiärfarben

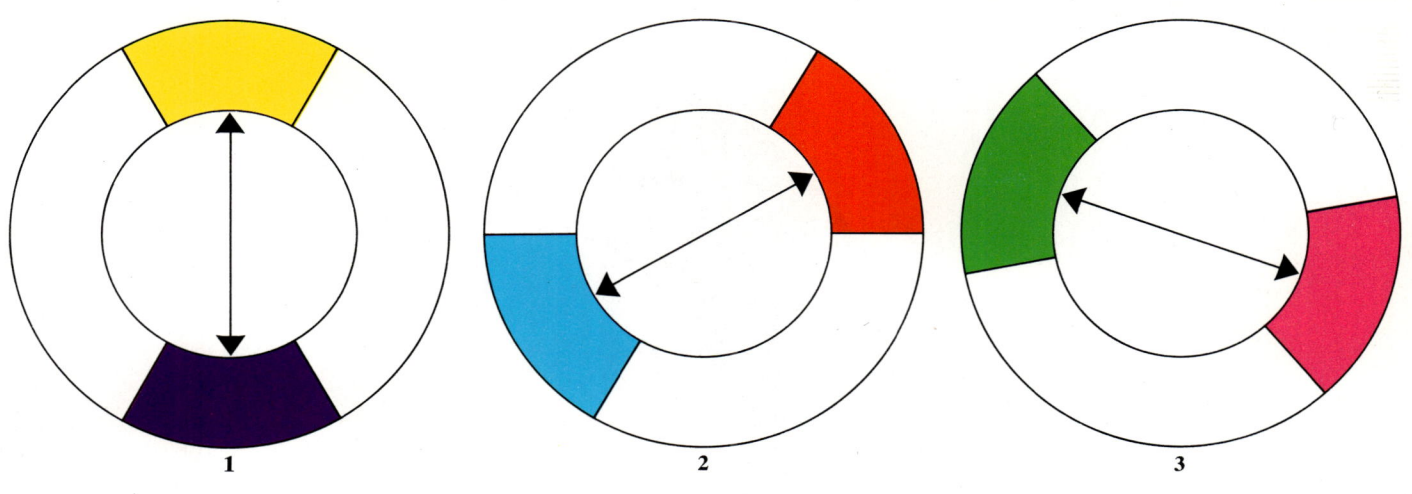

Farbtonkreis

Die hellste Farbe des Farbtonkreises bildet das nach oben gesetzte Gelb. Als Ergänzungsfarbe (Komplementärfarbe) wird Violett im Kreis polar gegenüber als dunkelster Farbton gestellt (Abb. 1). Die Primärfarben Rot und Blau werden als gleichseitiges Dreieck zu Gelb in den Kreis plaziert, wobei Rot auf der rechten und Blau auf der linken Seite des Kreises anzubringen ist.

Die jeweiligen Ergänzungsfarben zu Rot und Blau stehen im Kreis polar gegenüber (Abb. 2 und 3).

Der Ablauf der Farbtöne ist wie bei den Spektralfarben, nur daß sie jetzt zu einem Kreis zusammengeschlossen sind.

Der Farbtonkreis beinhaltet die Möglichkeit einer Orientierung beim Ordnen der Farben. In der Farbenlehre ist er als die wichtigste Orientierungshilfe anzusehen. Zur Ausführung sollten die Körperfarben voller Sättigung verwendet werden. Ausgangspunkt sind die Primärfarben Gelb, Rot und Blau. Diese Farben werden in der subtraktiven Farbausmischung als Grundfarben bezeichnet, da sich aus ihnen durch Mischen alle anderen Farben herstellen lassen.

Beim Erstellen eines Farbtonkreises ist zu beachten:

- Die Primärfarben sind in ihrer vollen Sättigung zu verwenden.
- Farbtonunterschiede sind in gleichmäßiger Abstufung auszuführen.
- Helligkeitsunterschiede sind aufeinander exakt abzustimmen.

Wichtige Farbtonkreise sind:
- 6teiliger Farbtonkreis
- 12teiliger Farbtonkreis
- 24teiliger Farbtonkreis

Ein Farbtonkreis sollte sowohl im Farbton als auch in der Helligkeit eine kontinuierlich ablaufende Reihe aufzeigen. Die theoretisch mögliche Ausmischung, mit den drei Grundfarben Gelb, Rot und Blau alle Farbtöne eines 12- oder 24teiligen Farbtonkreises zu erzielen, läßt sich praktisch kaum verwirklichen. Beim Mischen von Rot und Blau entsteht so gut wie kein klares und in der Sättigung reines Violett. Deshalb ist auf mehrere Farbtöne zurückzugreifen. Die Farbhersteller bieten auch keine Körperfarben an, die als reine Primär- und Sekundärfarben bedenkenlos übernommen werden können. Es bedarf einer gewissen Erfahrung und Übung, um beim Ausmischen einen gleichabständigen Farbtonkreis zu erreichen.

Sechsteiliger Farbtonkreis

Der 6teilige Farbtonkreis besteht aus den Farbtönen:

- Gelb
- Orange
- Rot
- Violett
- Blau
- Grün

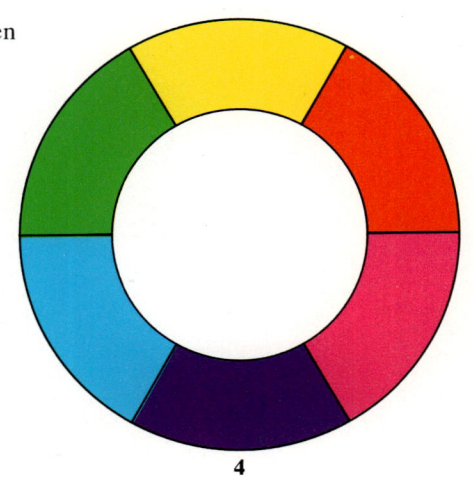

4

Zwölfteiliger Farbtonkreis

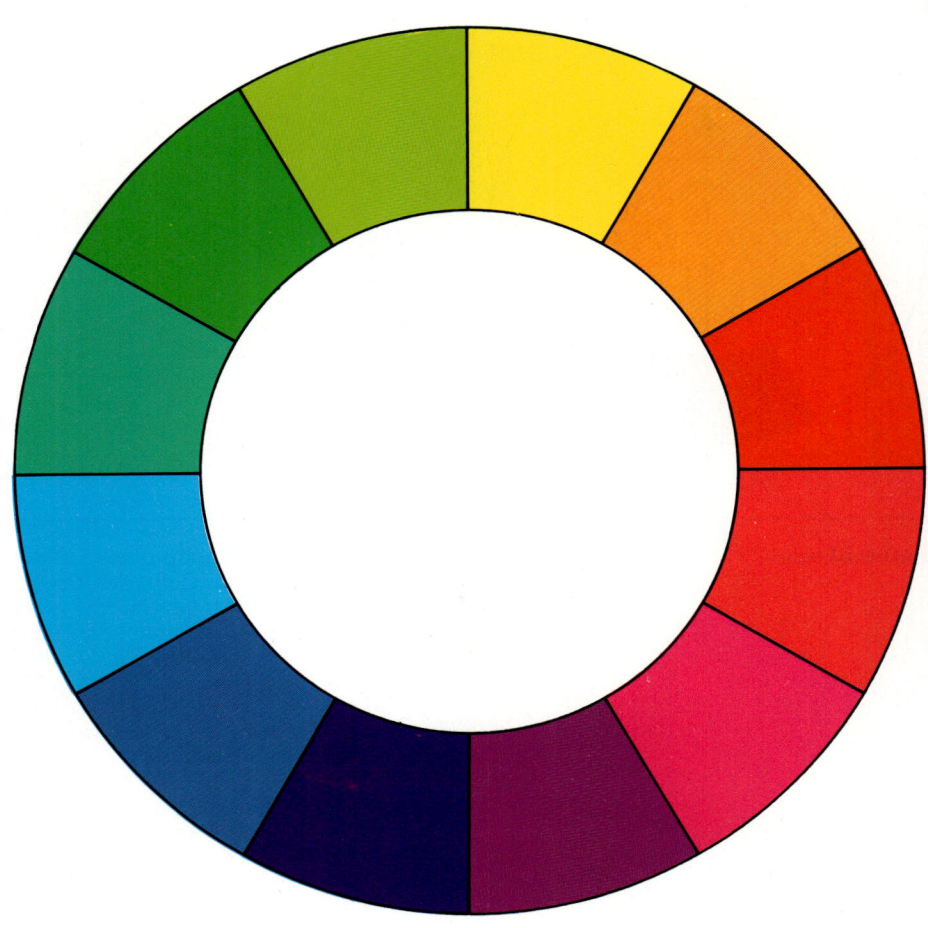

Farbtonbezeichnung des zwölfteiligen Farbtonkreises

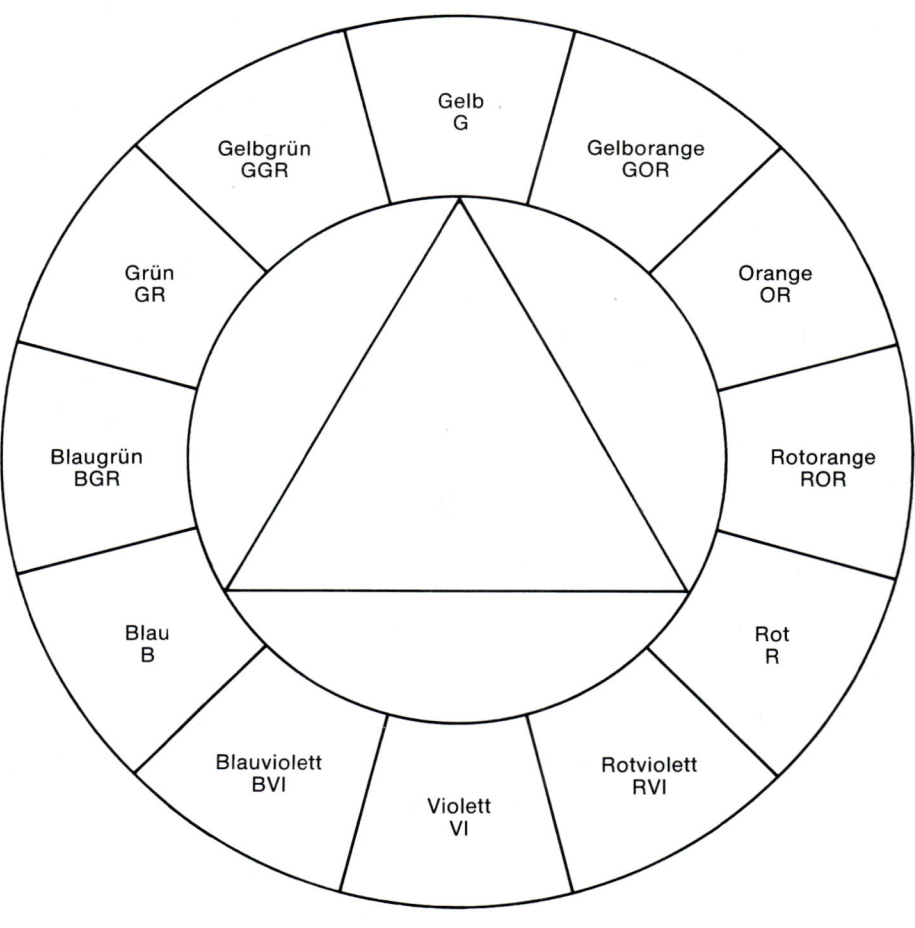

Zwölfteiliger Farbtonkreis mit Weiß aufgehellt und Schwarz vergraut (verhüllt).

Vierundzwanzigteiliger Farbtonkreis

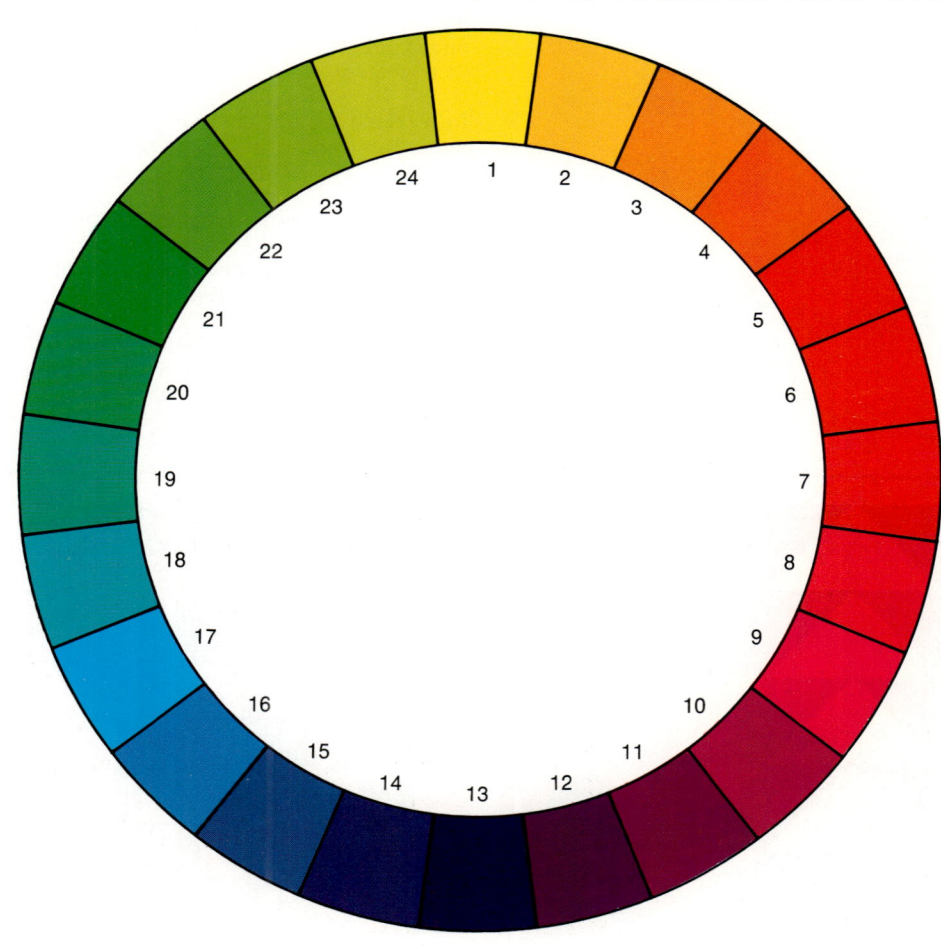

1.6. Farbkontraste

Allgemeines

Kontrast ist der Gegensatz mit auffallendem Unterschied. Der Ausdruck einer Gestaltung liegt im Gegensätzlichen, im Kontrast.
»Von Kontrast spricht man dann, wenn zwischen zwei zu vergleichenden Farbwirkungen deutliche Unterschiede oder Intervalle festzustellen sind« (Itten). Künstler und Wissenschaftler, wie Goethe, Hölzel und Itten, haben auf die Bedeutung der verschiedenen Farbkontraste hingewiesen. Zur Lösung von gestalterischen Aufgaben sind die Farbkontraste eine Basis und Orientierungshilfe.

Farbe-an-sich-Kontrast
Allgemeines

Von den drei Merkmalen, mit denen Farben beschreibbar sind, Helligkeit-Dunkelstufe, Farbton und Sättigung, steht beim Farbe-an-sich-Kontrast der Farbton im Vordergrund. Dieser Kontrast hat das Merkmal des Bunten und stellt an das Farben-Sehen keine großen Ansprüche. Deshalb kann man den Farbe-an-sich-Kontrast auch als den einfachsten Farbkontrast bezeichnen.

Wirkung

Der Farbe-an-sich-Kontrast ist immer bunt, laut und kraftvoll. Zu seiner Darstellung sind reine hochgesättigte Farben (Vollfarben) am wirksamsten. Um den Kontrast in voller Intensität zu erreichen, sind mindestens drei sich klar voneinander abhebende Farben notwendig. Die stärkste Kontrastwirkung ist bei den Primärfarben Gelb-Rot-Blau vorhanden (Abb. 1). Sie nimmt ab, je weiter sich die verwendeten Farben von den drei Primärfarben entfernen. Wird der Kontrast durch drei oder mehr Vollfarben erzeugt, so entstehen Reizwirkungen großer Auffälligkeit. Dies gilt nicht nur für die Körper-, sondern auch für die Lichtfarben. Die Farbtöne können aus großer Entfernung wahrgenommen werden. Durch diese Aufmerksamkeitswirkung werden sie für Warn- und Rettungsdienste (Luft- und Seefahrt, Hochgebirge) oder für die Sicherheit am Arbeitsplatz eingesetzt.

In Verbindung mit der Form eignet sich dieser Kontrast besonders gut zur Entwicklung von Zeichensystemen.

Die Buntheit dieses Kontrastes hat leuchtende Kraft, die bei Veranstaltungen, wie Volksfesten, auf Fahnen und Trachten freudige Stimmung erzeugt.

1 + 2 Durch Trennung der Farben mit Schwarz oder Weiß kann eine Steigerung der Buntheit erreicht werden.

Anwendung

3 Farbige Gestaltung einer Flächengliederung mit Gelb, Rot, Blau und Schwarz. Die Mengenanteile sind fast gleich, dadurch kommt der Farbe-an-sich-Kontrast voll zur Wirkung.

4 Bei dieser Flächengliederung, die in Temperafarbe ausgeführt wurde, dominiert die Farbe. Gelb, Violett, Rot und Grün in voller Sättigung wirken bunt und laut.

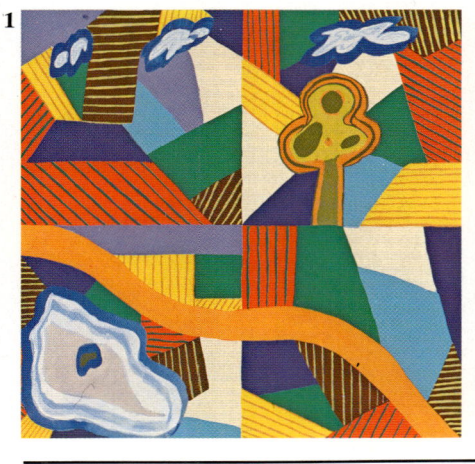 

1 Bildhafte Darstellung, mit Temperafarbe gemalt. Reine Farben und vereinfachte Formen geben dieser Malübung eine klare, aussagestarke Wirkung.

2 Geometrische Gliederung einer Fläche mit farbiger Wachskreide. Durch die Verwendung von Weiß und Brauntönen ist die farbige Wirkung harmonisch.

3 Entwurf für ein Plakat mit Primär- und Sekundärfarben. Farbe, Form und Thema sind aufeinander abgestimmt.

4 Grafische Gestaltung einer Einladungskarte des Hauptverbandes des Maler- und Lackiererhandwerks mit den drei Primärfarben. Die Aussage ist klar und werbewirksam.

5 Der Farbe-an-sich-Kontrast ist mit Schwarz, Weiß und Grau ergänzt. Die räumliche Andeutung soll sich auf ein Schaufenster beziehen.

6 Ein geometrisches Raumgebilde ist mit reinen, hochgesättigten Farben ausgeführt. Der Raum wirkt bunt und überladen.

7 Farbige Lackierung eines PKW mit den Primärfarben. Die diagonale Anordnung der Bänder und die Farbe erwecken Aufmerksamkeit.

8 Ein Hauseingang ist mit Farben voller Sättigung gestaltet.

Hell–Dunkel–Kontrast
Allgemeines

Hell und Dunkel, Licht und Finsternis sind für den Menschen und die ganze Natur von grundlegender Bedeutung; sie sind das Urbild aller Kontraste. Im Bereich der Körperfarben, mit denen alle gestalterischen Berufe zu tun haben, spielen Helligkeit und Dunkelstufe eine wesentliche Rolle.

Der Hell-Dunkel-Kontrast ist der umfassendste und für die Gestaltung wichtigste Kontrast.

Wirkung

Schwarz und Weiß sind die stärksten Ausdrucksmittel im Bereich von Hell und Dunkel (Abb. 1). Zwischen diesen beiden Polen liegt eine große Anzahl von Grautönen, die in einer stetigen Tonstufenfolge zwischen Schwarz und Weiß entwickelt werden kann. Die Anzahl der unterscheidbaren Grautonstufen hängt von der Sehtüchtigkeit des Auges und den Reizschwellen des einzelnen Menschen ab. Die Reizschwelle kann durch Üben verfeinert werden, so daß die wahrnehmbaren Tonstufen zunehmen. Von extrem Weiß bis extrem Schwarz nimmt der Mensch zwischen 30 bis 35 Dunkelstufen wahr.

Schwarzer Samt ist der schwärzeste Farbton, während Barytsulfat das reinste Weiß im Bereich der Materialien und Werkstoffe darstellt.

Grau kann aus Schwarz und Weiß oder aus Gelb, Rot und Blau oder aus jedem komplementären Farbenpaar gemischt werden. Der Hell-Dunkel-Kontrast bezieht sich aber nicht nur auf Schwarz und Weiß mit seinen Grautonstufen, sondern auch auf die Vollfarben, die zueinander in ihrer Helligkeit unterschiedlich sind (Abb. 2). Außerdem können die Vollfarben durch Weiß nach Hell und durch Schwarz nach Dunkel verändert werden. Der stärkste Hell-Dunkel-Kontrast im Farbtonkreis ist Gelb-Violett.

1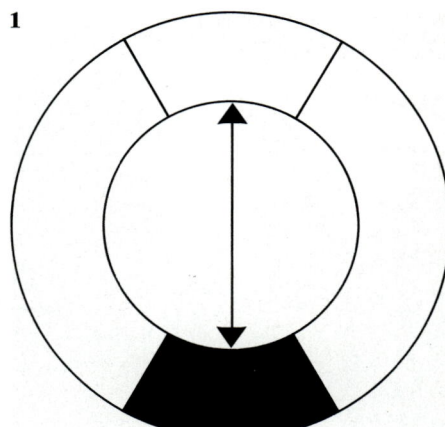

2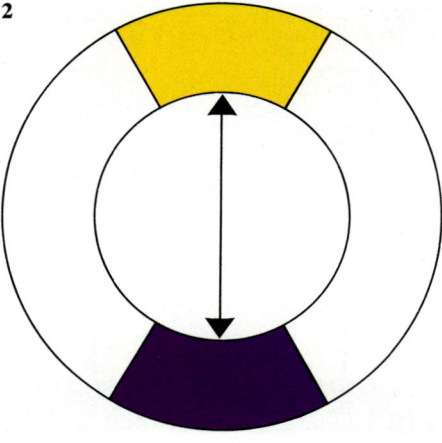

3

4

Anwendung

3 + 4 Optische Täuschungen fallen besonders beim Hell-Dunkel-Kontrast auf. Jedes Grau wirkt neben Schwarz heller und neben Weiß dunkler.
Die Halbkreisfläche auf Weiß (Abb. 3) wirkt bei flüchtigem Hinsehen dunkler als der ihr zugekehrte Halbkeis (Abb. 4) im schwarzen Nachbarfeld.

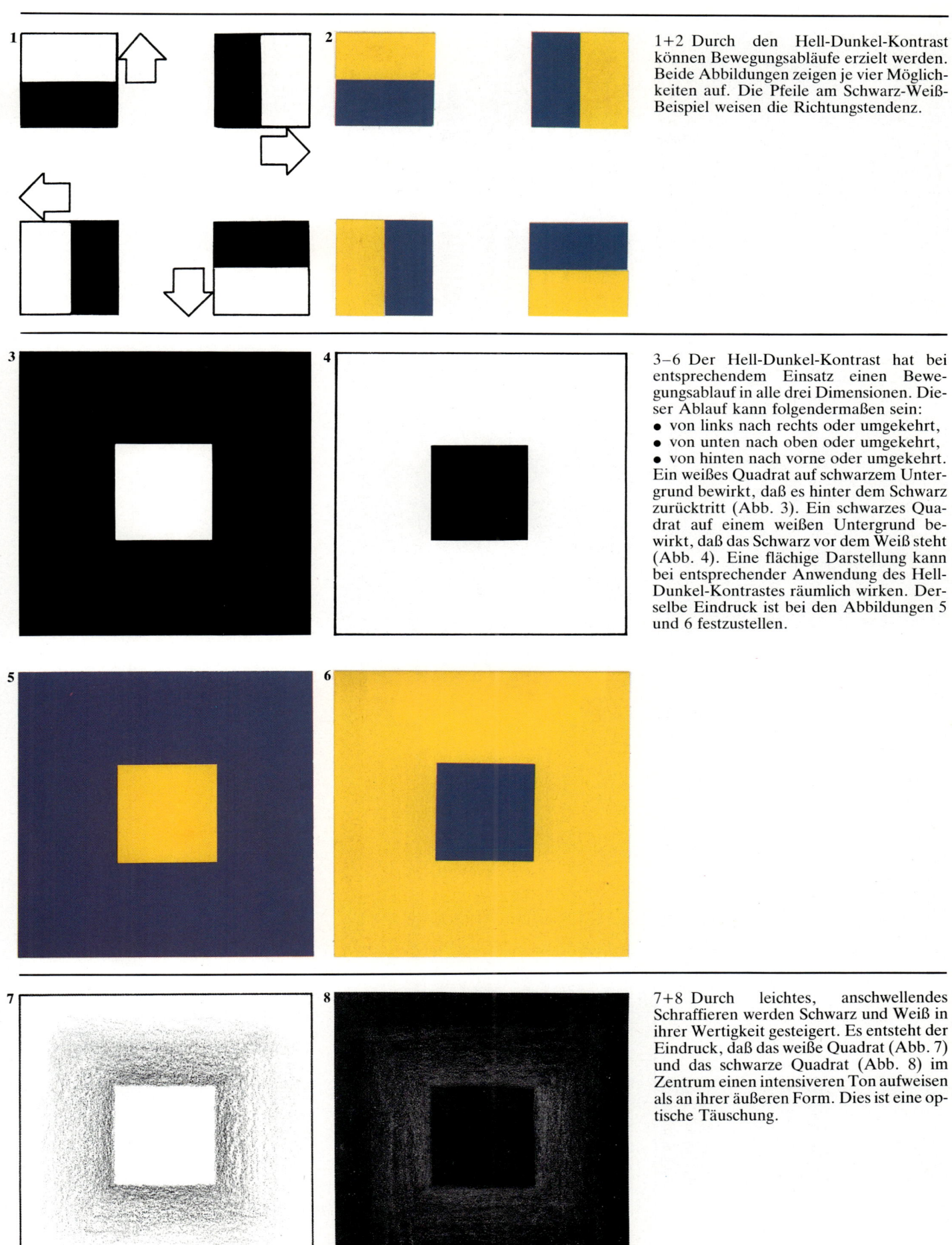

1+2 Durch den Hell-Dunkel-Kontrast können Bewegungsabläufe erzielt werden. Beide Abbildungen zeigen je vier Möglichkeiten auf. Die Pfeile am Schwarz-Weiß-Beispiel weisen die Richtungstendenz.

3–6 Der Hell-Dunkel-Kontrast hat bei entsprechendem Einsatz einen Bewegungsablauf in alle drei Dimensionen. Dieser Ablauf kann folgendermaßen sein:
- von links nach rechts oder umgekehrt,
- von unten nach oben oder umgekehrt,
- von hinten nach vorne oder umgekehrt.

Ein weißes Quadrat auf schwarzem Untergrund bewirkt, daß es hinter dem Schwarz zurücktritt (Abb. 3). Ein schwarzes Quadrat auf einem weißen Untergrund bewirkt, daß das Schwarz vor dem Weiß steht (Abb. 4). Eine flächige Darstellung kann bei entsprechender Anwendung des Hell-Dunkel-Kontrastes räumlich wirken. Derselbe Eindruck ist bei den Abbildungen 5 und 6 festzustellen.

7+8 Durch leichtes, anschwellendes Schraffieren werden Schwarz und Weiß in ihrer Wertigkeit gesteigert. Es entsteht der Eindruck, daß das weiße Quadrat (Abb. 7) und das schwarze Quadrat (Abb. 8) im Zentrum einen intensiveren Ton aufweisen als an ihrer äußeren Form. Dies ist eine optische Täuschung.

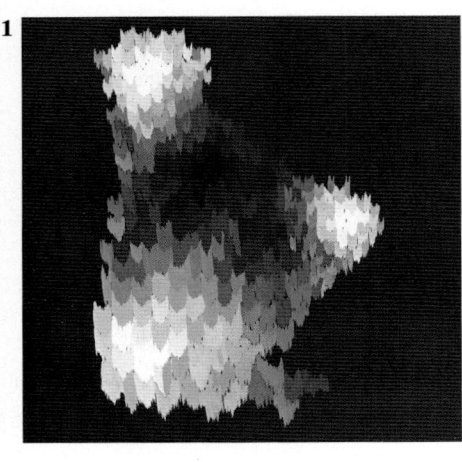 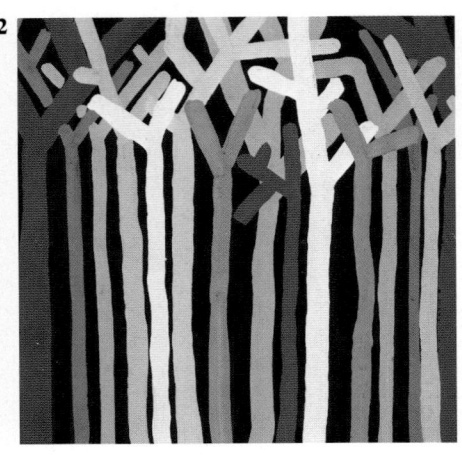

1+2 Malübungen mit Pinsel und Temperafarbe. Durch das freie Aneinanderkomponieren entsteht Verdichtung und Auflockerung. Die hellen Töne treten hervor, die dunklen zurück.

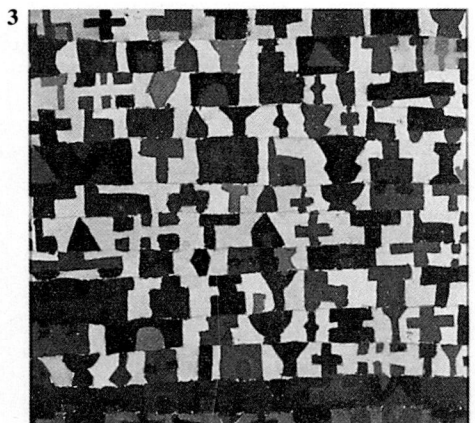 

3 Harmonische Flächeneinheit. Die Teilformen erscheinen weniger aktiv.

4 Gliederung einer Fläche mit geometrischen Formen in verschiedenen Graustufen.

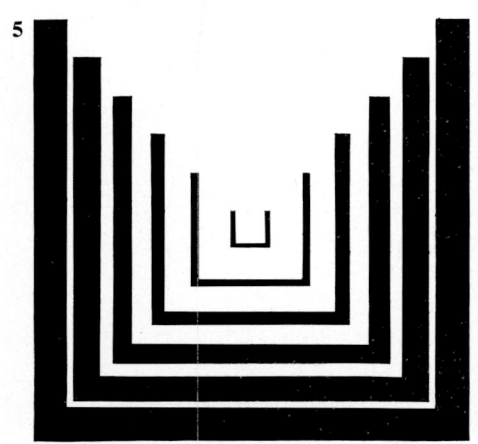 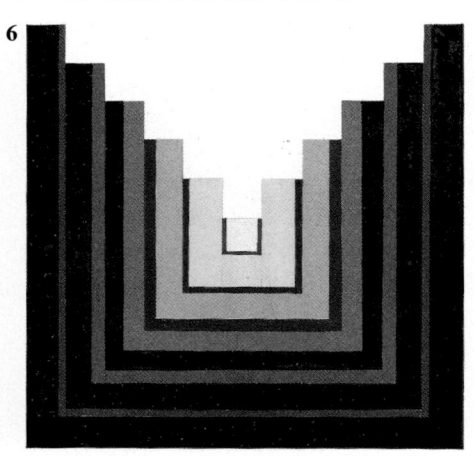

5+6 Bewegungsablauf im Hell-Dunkel-Kontrast. Durch die Progression wird die Tiefenwirkung gesteigert.

7 Aus einer Grautonskala sind einzelne Töne ausgewählt und in beliebiger Folge in fünf gleich großen Flächen zu einem Akkord komponiert.

8 Durch die Veränderung der Mengenverhältnisse entsteht mehr Spannung. Der Hell-Dunkel-Kontrast erfährt durch die Quantität eine Steigerung.

1+2 Geometrische Flächengliederungen sind mit drei Grautönen ausgelegt, die in Hell-Dunkel-Stufen aufeinander abgestimmt sind. Es entsteht eine stark räumliche Wirkung.

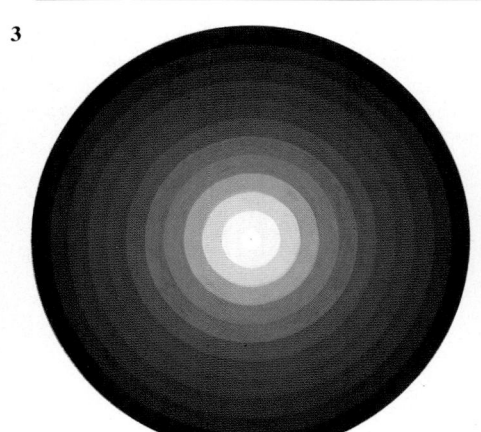
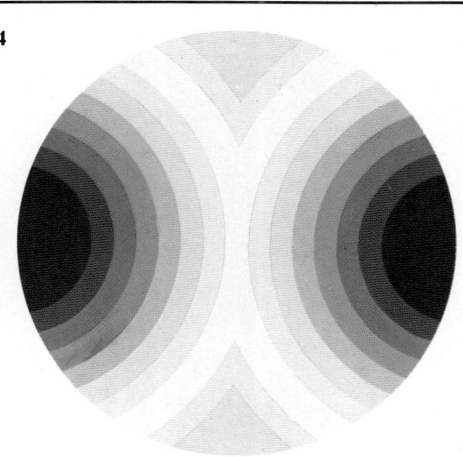

3 Die Blickführung bewegt sich von außen nach innen. Das Zentrum wird betont.

4 Durch die Gliederung der Kreisform und die Anordnung der Grautöne ist ein Bewegungsablauf nach außen feststellbar.

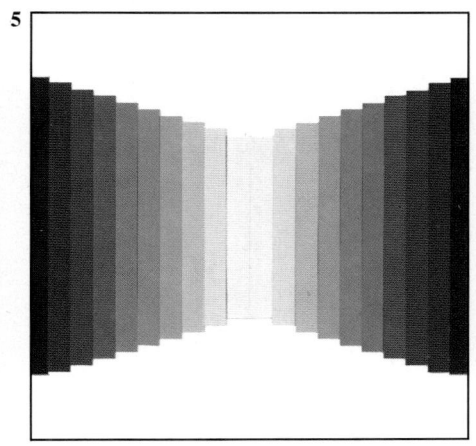
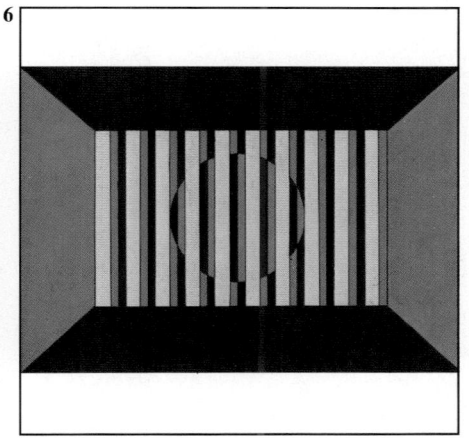

5 Der Raum wird durch die Anordnung der Grautöne, die in einer gleichmäßigen Abstufung erfolgt, zum Blickfang.

6 Die Gliederung der Rückwand wird durch die Grautöne in ihrer Wirkung gesteigert.

7 Die Flächenelemente des Raumskeletts sind in vier Grautonstufen angelegt. Durch die Anordnung der Grautöne von Dunkel (vorne) nach Hell (hinten) wird die Tiefenwirkung des Raumes gesteigert.

8 Die Flächen des Raumskeletts sind im Quadratraster gegliedert und versetzt mit einem hellen und dunklen Grau angelegt. Der Raum wirkt durch die Gliederung und den starken Hell-Dunkel-Kontrast unruhig und spannungsvoll.

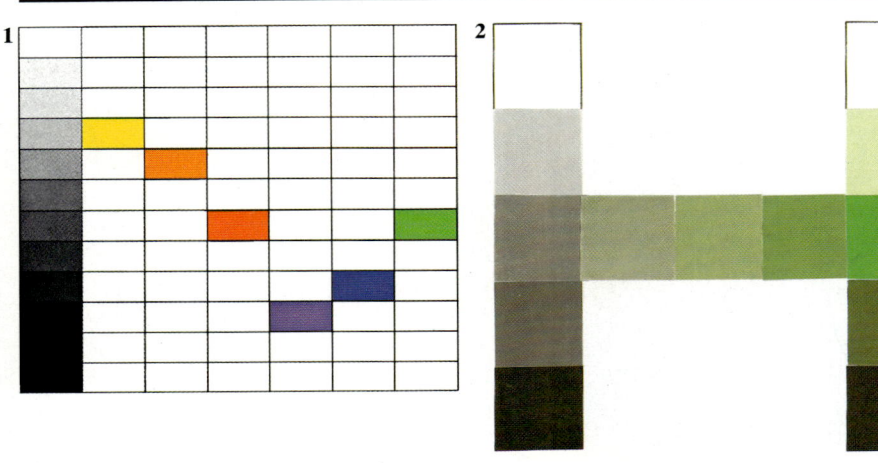

1 Eine Grautonreihe von Weiß bis Schwarz in 12 Tonstufen. Wichtig ist, daß die Stufen gleiche Abstände haben. Die Primär- und Sekundärfarben sind ihrer Helligkeit nach entsprechend eingeordnet.

2 Die Übung zeigt, daß der Hell-Dunkel-Kontrast sich nicht nur auf Schwarz und Weiß, sondern auch auf die gesättigten Farben (Vollfarben) bezieht. Eine Farbe kann deshalb mit Schwarz, Weiß oder Grau gemischt werden. Durch die Mischung verliert die Farbe jedoch an Leuchtkraft.

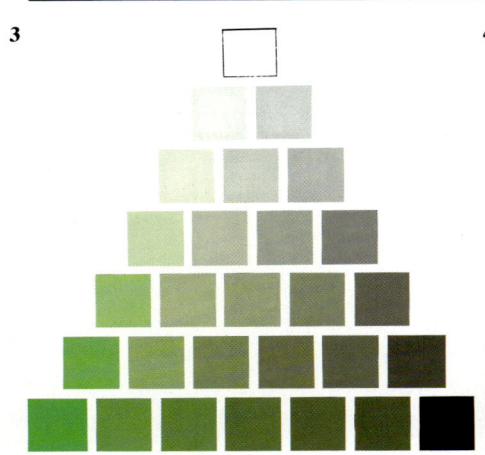

3 Mischung einer gesättigten Farbe mit Schwarz, Weiß und allen Zwischenstufen. Es ergeben sich Farbtöne, die durch das Brechen angenehm und ausgeglichen wirken.

4 Gliederung einer Fläche mit Farbtönen, wie sie bei der Mischung von Abb. 3 entstanden sind.

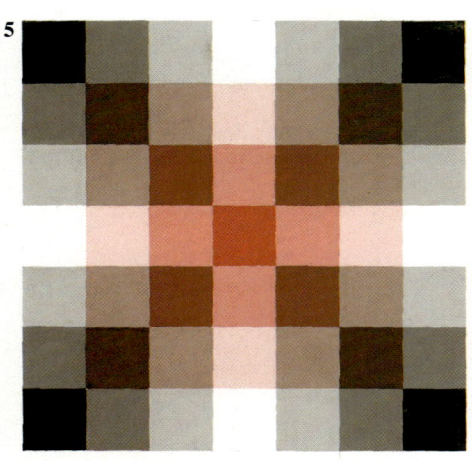

5 Mischen einer Farbe mit Schwarz und Weiß. Durch die symmetrische Anordnung wirkt die Gliederung sehr ausgeglichen.

6 Ein gesättigtes Rot wird durch Mischen mit Schwarz und Weiß in seiner Helligkeit verändert.

7 Die Fassadengestaltung von Dunkel (unten) nach Hell (oben) wirkt statisch und gibt dem Gebäude eine optische Standfestigkeit. Die nach oben heller werdende Farbe läßt die Masse des Gebäudes leichter und freundlicher erscheinen.

8 Ein Display in vier Schichten gestuft. Das hochgesättigte Grün wird in den einzelnen Raumschichten nach hinten gleichmäßig aufgehellt und steigert dadurch die räumliche Wirkung.

Komplementärkontrast
Allgemeines

Komplementärfarbe heißt Ergänzungsfarbe. Wenn zwei Körperfarben in ihrer Mischung ein neutrales Grauschwarz ergeben, handelt es sich um Komplementärfarben.

Bei den Lichtfarben sind zwei Lichter, die – miteinander vermischt – weißes Licht ergeben, komplementär.

Zu jeder Farbe gibt es nur eine komplementäre Farbe, die Ergänzungsfarbe. Der bereits behandelte Farbtonkreis ist nach den Ergänzungsfarben angelegt; diese stehen sich im Farbtonkreis immer polar gegenüber (Abb. 1).

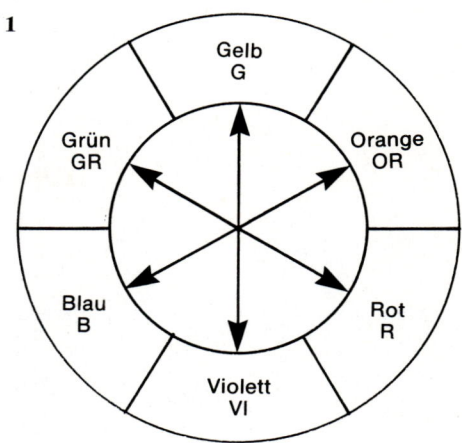

Wirkung

Der Komplementär-Kontrast betrifft die Beziehung und Wirkung von zwei Farben, die im Farbton die größte Verschiedenheit zueinander haben. Diese beiden Farben fordern sich gegenseitig und steigern sich zu höchster Leuchtkraft. Der Charakter des Bunten tritt auf. Die Gegenfarbenpaare wirken stabil, d. h. jede Farbe kommt voll zur Wirkung. Bei der Mischung vernichten sich jedoch die beiden Farben, und es entsteht ein neutrales Grau.

Im 6teiligen Farbtonkreis gibt es folgende komplementäre Farbenpaare:
- Gelb : Violett
- Blau : Orange
- Rot : Grün

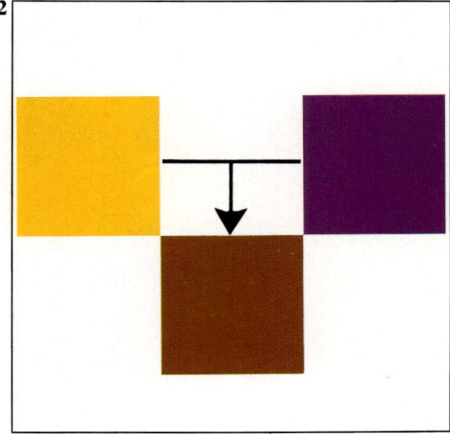

Zerlegt man die komplementären Farbenpaare, so stellt man fest, daß immer die drei Grundfarben Gelb, Rot und Blau enthalten sind.
- Gelb : Violett = Gelb : Rot und Violett
- Blau : Orange = Blau : Gelb und Rot
- Rot : Grün = Rot : Gelb und Blau

Wie die drei Primärfarben in der Mischung ein Dunkelgrau (Schwarz) ergeben, so ergeben auch zwei komplementäre Farben in ihrer Mischung Dunkelgrau (Abb. 2, 3 und 4).

Komplementärfarbenpaare vermitteln den Eindruck des Lebhaften, Vollständigen, Abgeschlossenen und Stabilen. Der Komplementärkontrast kommt bei den reinen und hochgesättigten Farben am deutlichsten zur Wirkung. Dieser Kontrast ist deshalb für das volle Ausspielen der Farbigkeit geeignet. Er wirkt aber auch bei den aufgehellten oder dunklen Farben, jedoch in verminderter Form.

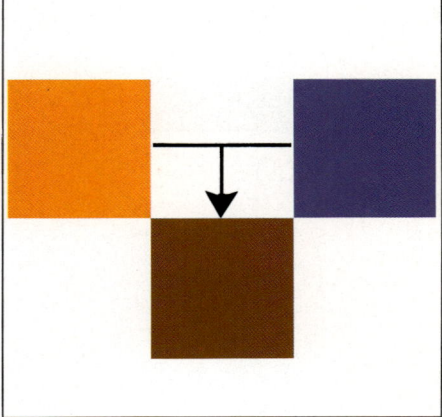

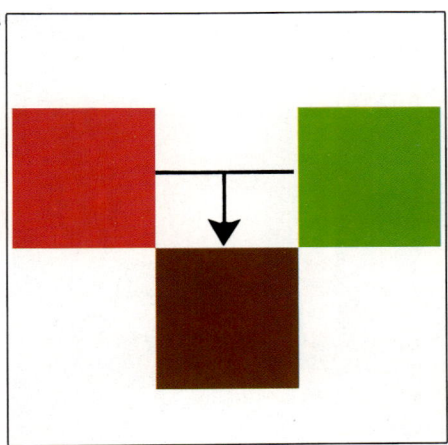

Anwendung

1 Komposition mit Vasenformen, die sich in Form und Größe verändern. Farbige Ausführung im Komplementärkontrast. Die Farben wirken leuchtend, kräftig und zugleich harmonisch.

2 Konstruktive Flächengliederung mit Senkrechten, Waagerechten, Diagonalen und Rundungen. Das komplementäre Farbenpaar Blau-Orange wird durch einen Mischton in seiner ursprünglichen Kontrastwirkung leicht verringert.

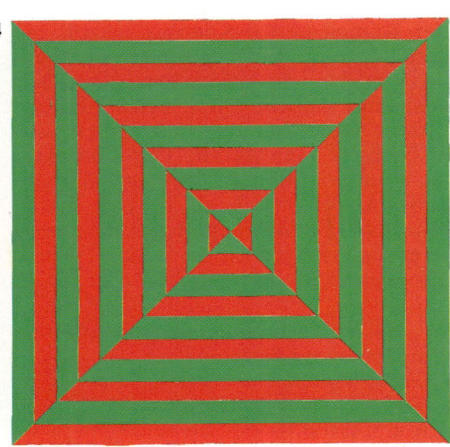

3 Aus farbigem, transparentem Papier geschnittene Formen im gleichen Rhythmus aneinandergereiht. Durch Überschneiden der Formen wird der Flimmereffekt, wie er bei dem komplementären Farbenpaar Rot-Grün entsteht, vermieden.

4 Geometrische Flächengliederung, die im Wechsel mit Rot und Grün ausgelegt ist. Es entsteht ein starker Flimmereffekt mit unruhiger und aufregender Wirkung.

5 Holzriemen mit Colorbeize, im Komplementärkontrast Rot-Grün ausgeführt.

6 Figürliche Darstellung im Komplementärkontrast. Durch die Technik des Färbens von Gewebe entsteht eine belebte, malerische Wirkung.

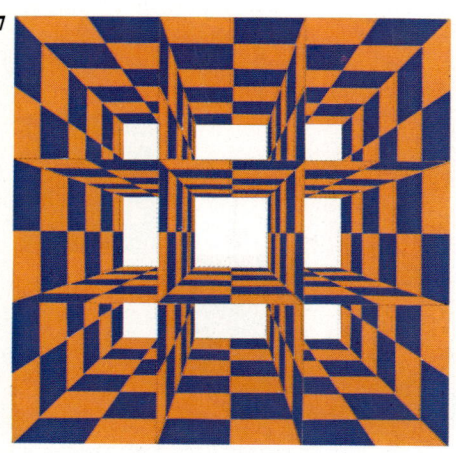

7 Eine räumliche Darstellung in Zentralperspektive. Die Flächen sind mit einem Quadratraster gegliedert und im Komplementärkontrast farbig gestaltet.

8 Farbentwurf für ein Schaufenster im Komplementärkontrast.

Kalt-Warm-Kontrast
Allgemeines

Kalt und Warm sind ein Temperaturzustand, der auf Mensch, Tier und Pflanze tiefe Wirkungen hat. Kälte ist physikalisch ein Temperaturzustand, der durch Wärmeverlust eintritt. Wärme ist eine Energieform, die durch die Sonne, durch Verbrennungs- und Reibungsvorgänge entsteht.

In der Farbenlehre unterscheidet man auch warme und kalte Farben. Die Pole Kalt und Warm als Kontrast unterliegen beim Menschen sehr stark dem subjektiven Empfinden.

Wirkung

Im 12teiligen Farbtonkreis ist die kälteste Farbe Blaugrün, die wärmste Rotorange. Diese beiden Farben stehen sich im Farbtonkreis polar gegenüber (Abb. 1) und bilden eine waagerechte Achse im Gegensatz zur senkrechten Achse, die den stärksten Hell-Dunkel-Kontrast aufzeigt. Grob vereinfacht kann man sagen: Die warmen Farbtöne liegen auf der rechten Hälfte, die kalten Farbtöne auf der linken Hälfte des Farbtonkreises (Abb. 2). Die Kalt- oder Warmempfindung nimmt ab, je weiter sich die Farbe im Farbtonkreis von Blaugrün oder Rotviolett entfernt. In den Grenzbereichen, z. B. bei Violett, wird die Farbe indifferent, d. h. sie kann weder für die kalte noch für die warme Seite eindeutig in Anspruch genommen werden.

Alle Farben, außer Blaugrün und Rotorange, können kalt oder warm wirken, je nach ihrer Kontrastierung mit wärmeren oder kälteren Tönen.

Der Kalt-Warm-Kontrast ruft beim Menschen starke Empfindungen hervor. Diese besondere Eigenschaft der kalten und warmen Farben kann noch auf folgende Weise definiert werden:
- schattig – sonnig
- fern – nah
- luftig – erdig
- feucht – trocken
- beruhigend – erregend

Die verschiedenen Beispiele zeigen die Fülle an Ausdrucksmöglichkeiten des Kalt-Warm-Kontrastes auf.

1

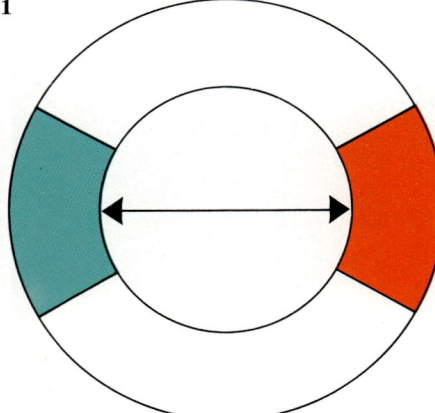

2

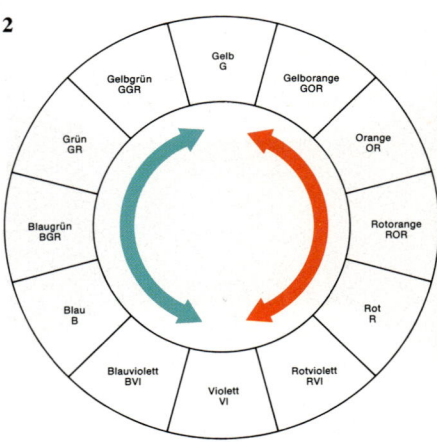

Kalte Farbtöne:
- Gelbgrün
- Grün
- Blaugrün
- Blau
- Blauviolett

Warme Farbtöne:
- Gelborange
- Orange
- Rotorange
- Rot
- Rotviolett

Anwendung

1 Der Kalt-Warm-Kontrast in seiner stärksten Wirkung mit Blaugrün und Rotorange.

2 Umkehrung des Mengenverhältnisses.

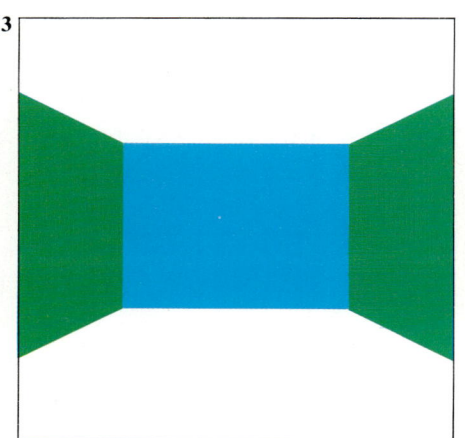

3+4 Wirkung des Kalt-Warm-Kontrastes im Innenraum. Durch die Gegenüberstellung wird die Nah- und Fernwirkung spürbar. Der rotorange Farbton tritt hervor, der blaugrüne Farbton zurück.

5+6 Die Rückwand beider Räume ist mit dem gleichen Grün ausgeführt. Die Wirkung der grünen Rückwand ist aber jeweils verschieden, da die Umgebung eine andere Farbigkeit besitzt. Das Grün der Abb. 5 bezeichnet man als kühl, das der Abb. 6 als warm. Farbe ist deshalb immer von ihrer Umgebung abhängig und in bezug zur Umgebung zu sehen. Jede Farbe ist daher relativ.

7+8 Malübung in einem kalten (Abb. 7) und in einem warmen (Abb. 8) Farbklang. Durch die feine Abstimmung der Farben und die technische Ausführung wird ein malerisches Klangbild erzielt.

1+2 Die Flächengliederung im Quadratraster ist im Kalt-Warm-Kontrast ausgeführt. Die Farben werden zu größter Leuchtkraft gesteigert. Abb. 1 ist mit Temperafarbe, Abb. 2 mit Wachskreide gemalt.

3 Farbige Gestaltung einer Fläche durch gleichmäßige Abstufung der Farben von Kalt nach Warm. Durch die Farbmenge und die Flächengliederung entsteht eine räumliche Wirkung.

4 Der Kalt-Warm-Kontrast in voller Intensität wirkt kraftvoll und spannungsgeladen.

5+6 Blaugrün und Rotorange gegenseitig ausgemischt. Die Nah-fern-Wirkung ist klar zu erkennen. Warm tritt hervor, Kalt zurück.

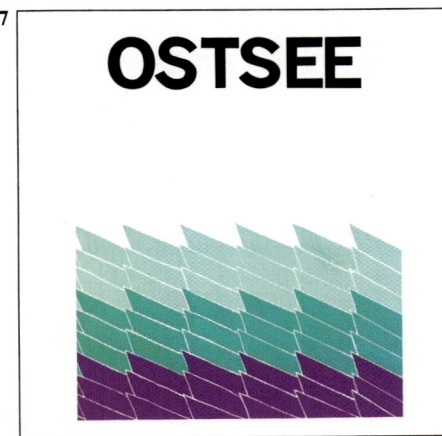 

7 Plakatentwurf in kalten Farben.

8 Plakatentwurf, der durch seine kühle Farbkonzeption eine bestimmte Zielgruppe ansprechen soll.

Quantitäts-Kontrast
Allgemeines

Quantität heißt Menge, zahlenmäßige Größe. Der Quantitätskontrast bezieht sich deshalb auf die Ausdehnungsgröße von zwei oder mehreren Farbflächen zueinander. Die Ausdehnungsgrößen von Farbflächen zueinander haben immer einen proportionalen Anteil zur gesamten Farbfläche; man könnte daher auch Proportionskontrast sagen. Weitere Kontrastbezeichnungen wären viel – wenig oder groß – klein (Abb. 1).

Wirkung

Wenn wir unsere Umwelt beobachten, so stellen wir fest, daß Farben in völlig gleicher Ausdehnungsgröße sehr selten vorkommen. Unterschiedliche Mengenanteile erzeugen Spannung und Lebendigkeit, also Kontraste, die bei einer Gestaltung mit Farbe notwendig sind. Versuchen wir eine gestalterische Lösung mit Farbe zu erzielen, so ist darauf zu achten, daß die Ausdehnungsflächen der einzelnen Farben in einem solchen Verhältnis zueinander stehen, daß das Ergebnis die gewünschte Wirkung zeigt. Hinzu kommt, daß die Leuchtkraft der einzelnen Farbtöne unterschiedlich ist. Dies läßt sich am besten feststellen, wenn man reine hochgesättigte Farben vor einem mittleren neutralgrauen Grund miteinander vergleicht. Die Wirkung einer Farbe auf uns wird deshalb durch Ausdehnungsgröße und Leuchtkraft bestimmt.

2 Bei genauem Vergleichen der drei Primärfarben stellt man ihre unterschiedliche Leuchtkraft fest.

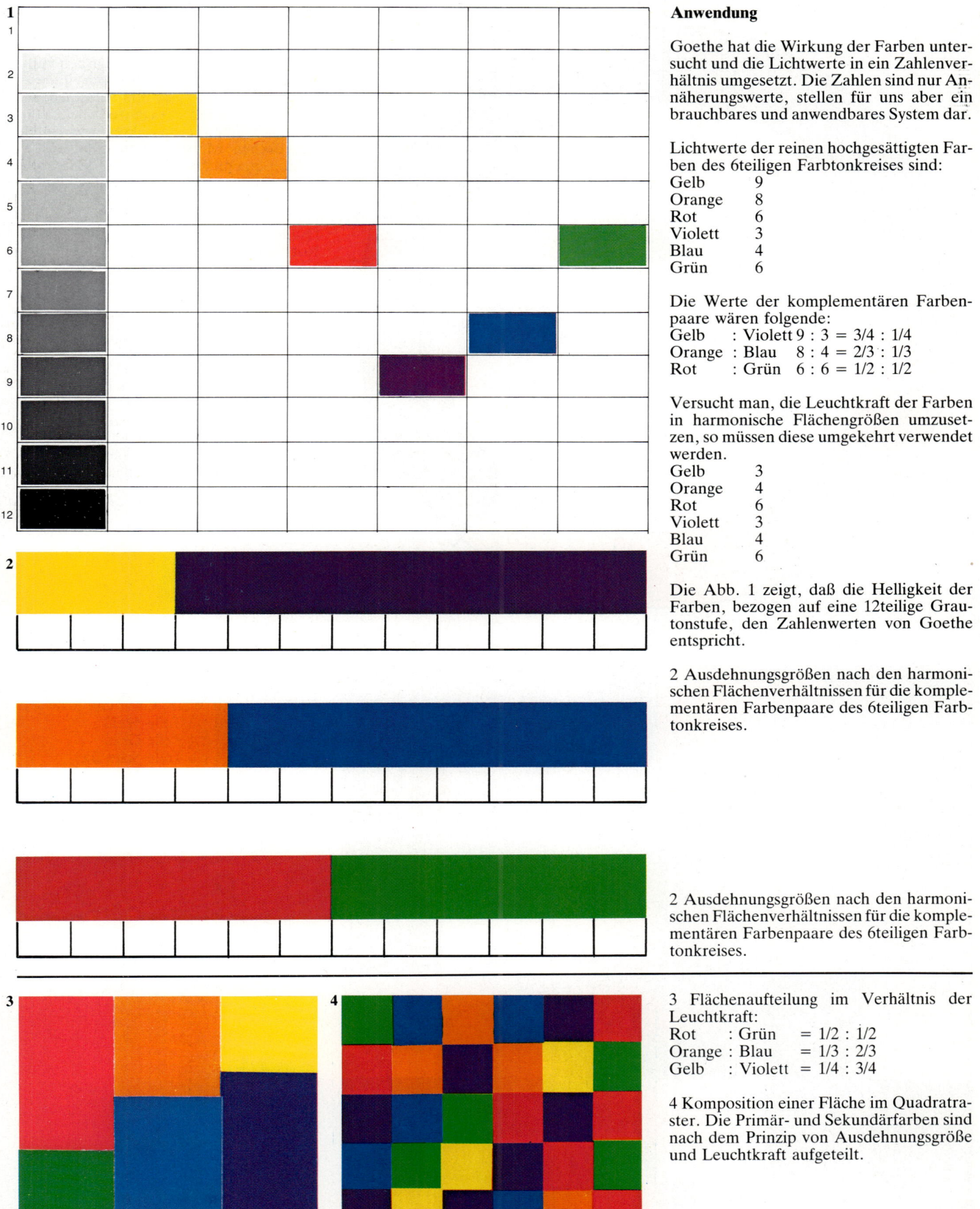

Anwendung

Goethe hat die Wirkung der Farben untersucht und die Lichtwerte in ein Zahlenverhältnis umgesetzt. Die Zahlen sind nur Annäherungswerte, stellen für uns aber ein brauchbares und anwendbares System dar.

Lichtwerte der reinen hochgesättigten Farben des 6teiligen Farbtonkreises sind:
Gelb 9
Orange 8
Rot 6
Violett 3
Blau 4
Grün 6

Die Werte der komplementären Farbenpaare wären folgende:
Gelb : Violett 9 : 3 = 3/4 : 1/4
Orange : Blau 8 : 4 = 2/3 : 1/3
Rot : Grün 6 : 6 = 1/2 : 1/2

Versucht man, die Leuchtkraft der Farben in harmonische Flächengrößen umzusetzen, so müssen diese umgekehrt verwendet werden.
Gelb 3
Orange 4
Rot 6
Violett 3
Blau 4
Grün 6

Die Abb. 1 zeigt, daß die Helligkeit der Farben, bezogen auf eine 12teilige Grautonstufe, den Zahlenwerten von Goethe entspricht.

2 Ausdehnungsgrößen nach den harmonischen Flächenverhältnissen für die komplementären Farbenpaare des 6teiligen Farbtonkreises.

2 Ausdehnungsgrößen nach den harmonischen Flächenverhältnissen für die komplementären Farbenpaare des 6teiligen Farbtonkreises.

3 Flächenaufteilung im Verhältnis der Leuchtkraft:
Rot : Grün = 1/2 : 1/2
Orange : Blau = 1/3 : 2/3
Gelb : Violett = 1/4 : 3/4

4 Komposition einer Fläche im Quadratraster. Die Primär- und Sekundärfarben sind nach dem Prinzip von Ausdehnungsgröße und Leuchtkraft aufgeteilt.

1

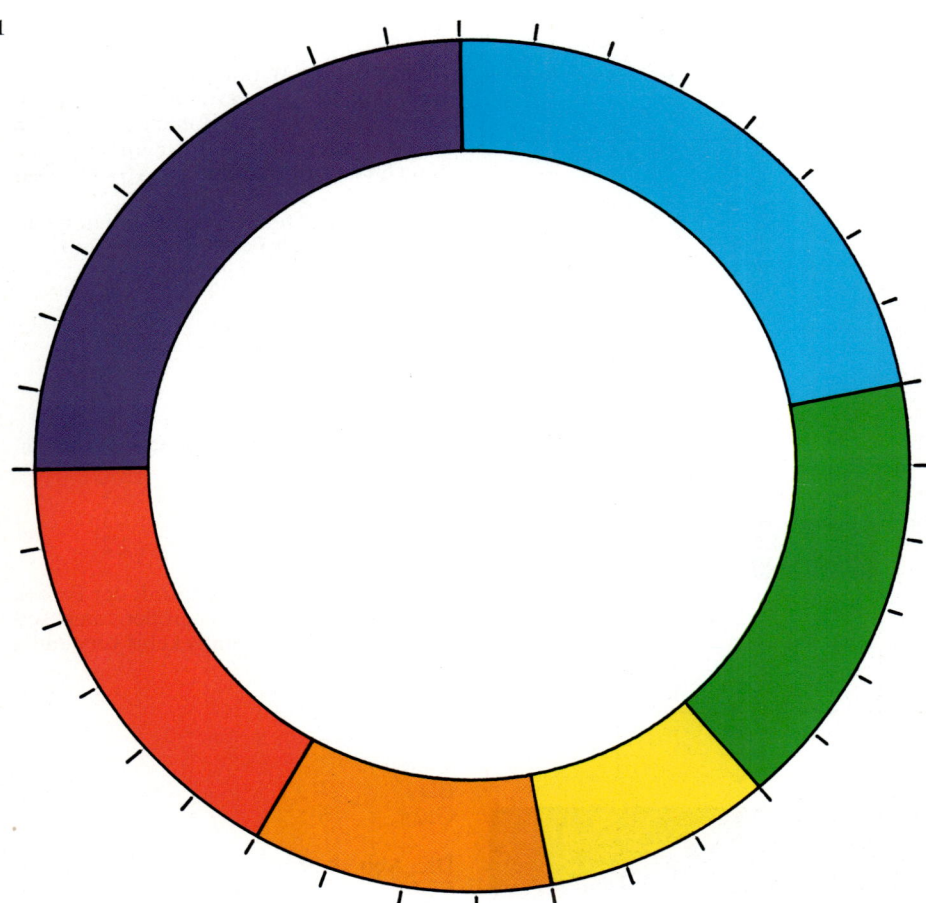

Quantitativer Farbtonkreis von Schopenhauer

Aus der Erkenntnis, daß die Farben in ihrer Leuchtkraft unterschiedlich intensiv sind und in ihrer Quantität verschiedener Ausdehnungsgrößen bedürfen, hat Schopenhauer einen Farbtonkreis mit unterschiedlichen Mengenanteilen entwickelt. Dieser quantitative Farbtonkreis besteht aus 36 Teilen. Die Primär- und Sekundärfarben haben folgende Anteile:

Gelb 3
Orange 4
Rot 6
Violett 9
Blau 8
Grün 6

Solche harmonischen Quantitäten ergeben eine statisch ruhige Wirkung. Der Quantitätskontrast ist neutralisiert.
Die dargestellten Mengenverhältnisse treffen nur zu, wenn alle Farben in ihrer höchsten Leuchtkraft verwendet werden. Ändert sich die Leuchtkraft, so müssen sich auch die Ausdehnungsgrößen ändern. Deshalb sind Ausdehnungsgröße und Leuchtkraft immer im Zusammenhang zu sehen.

2

2 Flächenaufteilung im Verhältnis der Leuchtkraft zur Ausdehnungsgröße und Ergänzung mit Weiß, Grau und Schwarz.
9 Teile Violett : 3 Teile Weiß
8 Teile Blau : 4 Teile Grau
6 Teile Rot : 6 Teile Schwarz

1 Gliederung einer Fläche mit abgestuften Mengenanteilen der verwendeten Farben.

2 Farbige Gestaltung einer Schaufensterrückwand. 2 Teile Gelb, 4 Teile Rot, 6 Teile Violett, plus Schwarz, das durch seine neutrale Wirkung die Farben in ihrer Leuchtkraft steigert.

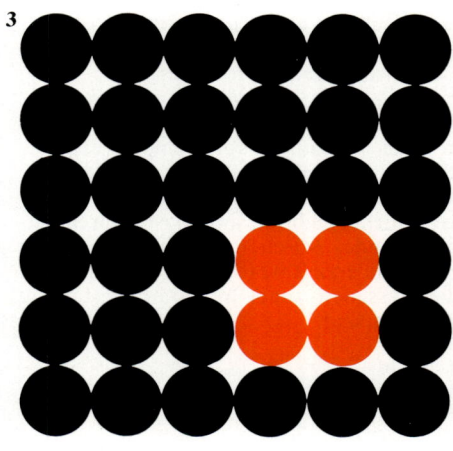

3 Gutes Spannungsverhältnis zwischen Schwarz und Rot. Die Rotmenge kann sich gegenüber dem dominierenden Schwarz behaupten.

4 Das Mengenverhältnis der hellblauen zu den rotvioletten Kreisflächen ist 7:2.

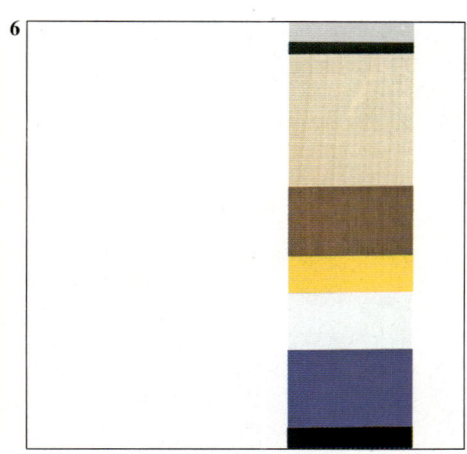

5 Die drei gebeizten Flächen stehen in einem Mengenverhältnis von 1:2:3.

6 Farb- und Werkstoffplan für einen Innenraum in der Quantität dargestellt.

7 Gestaltung einer zweiflügeligen Eingangstür. Die rote Fläche mit geringem Mengenanteil und zentraler Anordnung wirkt dominierend.

8 Die Mengenanteile von Putz, Stein und Holz der aufgezeigten Fassade sind als farbige Gestaltung bezüglich der Quantität günstig gelöst.

Sättigungskontrast
Allgemeines

Die bei der Lichtbrechung sichtbaren Spektralfarben sind Farben größter Sättigung, d. h. die Farben können in ihrer Reinheit und Leuchtkraft nicht mehr gesteigert werden.

Bei den Körperfarben gibt es ebenfalls Farben größter Sättigung, welche wie die Lichtfarben in ihrer Reinheit und Leuchtkraft nicht mehr gesteigert werden können.

Als die typischsten und eindeutigsten Farben voller Sättigung versteht man die Primär- und Sekundärfarben. Den Gegensatz bilden die ungesättigten Farben. Diese besitzen nicht die volle Leuchtkraft und Reinheit; sie sind getrübt oder aufgehellt.

Der Sättigungskontrast wird auch als Qualitätskontrast bezeichnet.

Wirkung

Der Sättigungskontrast hat seine Wirkung in der Spannung zwischen gesättigten und ungesättigten Farben. Die Kombinationen der Farben können bei diesem Kontrast sehr gering und fein oder auch kräftig und laut wirken.

Farben sind in ihrer Sättigung reduzierbar durch Zugabe
- von Weiß
- von Schwarz
- von Grau
- der Komplementärfarbe.

Die Reaktion auf Trübungsmittel ist sehr unterschiedlich (Abb. 1) und sollte durch Farbmischungen erprobt werden.

Allgemein ist festzustellen, daß die Farben in ihrer Wirkung trüb, stumpf, vergraut, kühler, wärmer, heller oder dunkler werden und von der ursprünglichen Leuchtkraft nichts mehr zu spüren ist. Durch entsprechendes Mischen können brauchbare Farbtöne erzielt werden, die vor allem für die Fassaden- und Innenraumgestaltung geeignet sind.

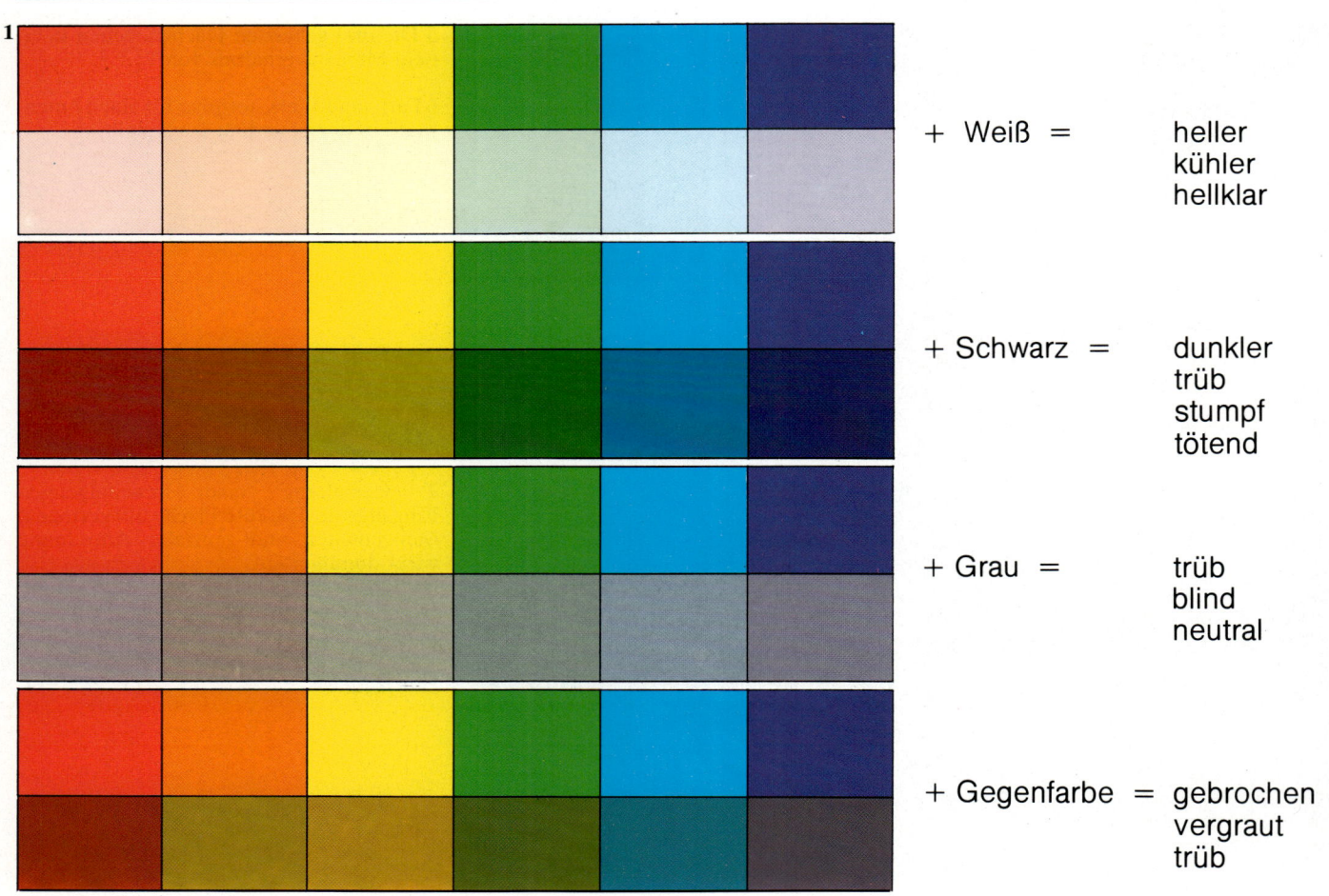

1

+ Weiß = heller
kühler
hellklar

+ Schwarz = dunkler
trüb
stumpf
tötend

+ Grau = trüb
blind
neutral

+ Gegenfarbe = gebrochen
vergraut
trüb

1 Neben einem Grün voller Sättigung ist ein ungesättigtes Grün gleichen Farbtons und gleicher Helligkeit angeordnet. Das Grün wurde mit einem mitteltonigen Grau vermischt. Seine Leuchtkraft und Reinheit wurde dadurch gebrochen. Die Wirkung ist stumpf und getrübt.

2 Durch das Mischen einer gesättigten Farbe mit Schwarz, Weiß und Grau wird diese in ihrer Sättigung verringert. Das Aufhellen mit Weiß bewirkt hellklare, das Verdunkeln mit Schwarz trübe Mischergebnisse.

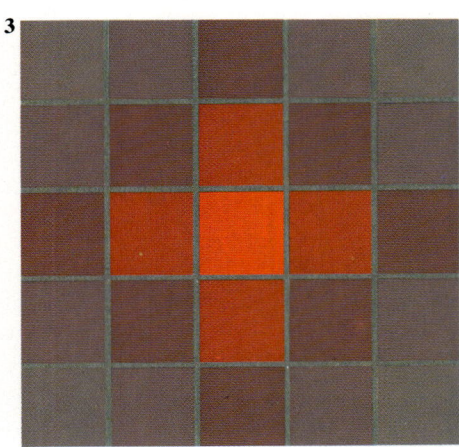 

3+4 Mischt man einer gesättigten Farbe Grau bei, so erhält man trübere Farbtöne. Die Farben werden neutralisiert und blind. Bei beiden Ausmischungen ist ein Grau, das die gleiche Helligkeit wie die gesättigte Farbe besitzt, verwendet worden.

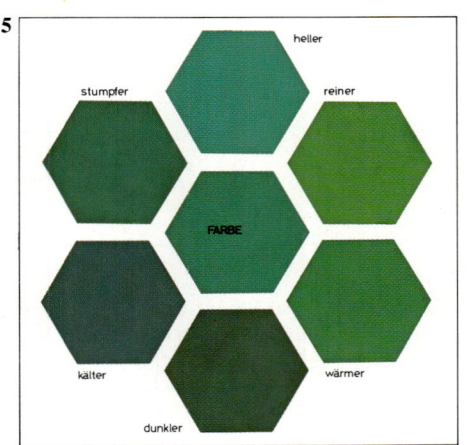 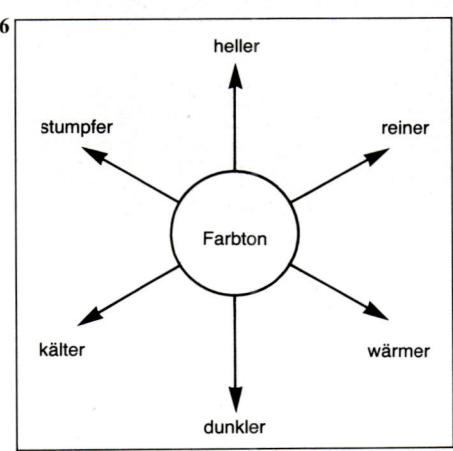

5+6 Eine Farbe wird durch Mischen in sechs Richtungen verändert: heller, dunkler, reiner, stumpfer, wärmer, kälter. Die nebenstehende Grafik zeigt die Richtung jeweils auf.

7 Feine Farbtonvariationen sind durch Mischen einer hochgesättigten Farbe mit Schwarz, Weiß, Grau und Gegenfarbe entstanden. Die Möglichkeiten gut aufeinander abgestimmter Farbkompositionen sind unerschöpflich.

8 Farbmodulation in einem rotbraunen Farbklang.

Simultankontrast
Allgemeines

Simultan heißt gleichzeitig oder wechselseitig. Der Simultankontrast, auch als gleichzeitiger Kontrast bezeichnet, befaßt sich mit der dauernden Beeinflussung der Farben im Nebeneinander. Nur unter besonderen Bedingungen tritt er so ausgeprägt in Erscheinung, daß er unsere Aufmerksamkeit erweckt und uns bewußt wird.

Wirkung

Der Simultankontrast bewirkt eine Steigerung oder Veränderung des objektiv vorhandenen Kontrastes. Alle Farben zueinander beeinflussen sich gegenseitig, indem sie sich durch ihre Umgebung verändern. Dies ist eine Erscheinung, eine Farbempfindung im Auge des Betrachters, die nicht real vorhanden ist.

Man unterscheidet den Simultankontrast in bezug auf
- Helligkeit
- Farbton
- Sättigung

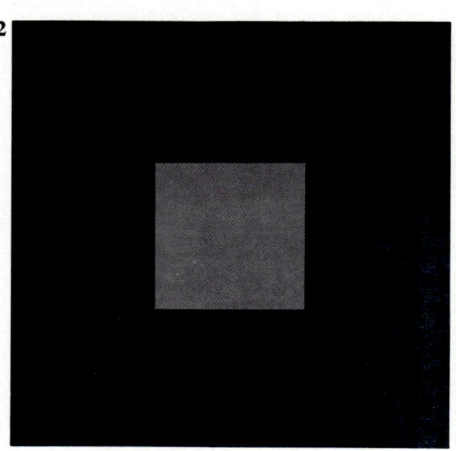

Helligkeit
Ein mittleres Grau wirkt auf einem weißen Untergrund dunkler als auf einem schwarzen Untergrund (Abb. 1 + 2). Das Grau selbst hat sich nicht geändert, es ist gleich geblieben, nur seine Umgebung ist eine andere. Jeder Farbton ist von seiner Umgebung abhängig.

Farbton
Ein gleiches Grau ist auf einen Grundton gesetzt, der unterschiedlich in Farbton und Helligkeit ist. Durch genaues Beobachten kann man feststellen, wie sich der visuelle Eindruck des gleichen Graus hinsichtlich Farbton und Helligkeit auf dem unterschiedlichen Grund ändert.

Sättigung

Farben voller Sättigung sind zueinander kombiniert. Deutlich zeigt sich die gleichzeitig wechselseitige Wirkung und Beeinflussung der Farben im Nebeneinander. Die Farben Gelb, Rot und Blau in den quadratischen Figuren verändern sich in der Waagerechten von Feld zu Feld. Der Vergleich zwischen zwei Farben, die einmal getrennt, einmal nebeneinander betrachtet werden, verdeutlichen den Einfluß.

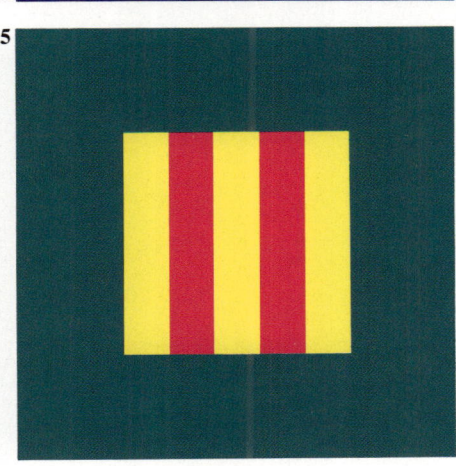

2 Schwarze Streifen sind auf den violetten Untergrund gesetzt. Das neutrale Schwarz wirkt gelbstichig. Legt man über die ganze Fläche ein Transparentpapier, so wird diese simultane Wirkung noch deutlicher sichtbar. Das Violett erzeugt simultan die Gegenfarbe.

3 Violett und Schwarz wie bei Abb. 2 mit der Zugabe von Gelb. Schwarz wird hier nicht simultan verändert, weil das zu Violett komplementäre Gelb vorhanden ist.

4 Die Primärfarben Gelb, Rot und Blau sind statisch und verändern sich simultan nicht.

5 Durch die Veränderung der Grundfarbe Blau in Blaugrün beginnen Rot und Gelb simultan zu reagieren. Dies ist aber nur feststellbar, wenn man Gelb und Rot mit Abb. 4 vergleicht.

Sukzessivkontrast
Allgemeines

Sukzessiv heißt allmählich, nach und nach. In der Farbenlehre bezieht sich sukzessiv auf die Nachbilder, die wir bei intensiver Betrachtung einer Farbe wahrnehmen.

Wirkung

Wirkt eine Farbe längere Zeit auf das Auge ein und wird dann der Blick auf eine andersfarbige Fläche gerichtet oder das Auge geschlossen, so erscheint im Auge ein Nachbild der zuerst gesehenen Farbe und Form. Erklärbar ist dieses Nachbild dadurch, daß bei längerem Betrachten einer Farbe sich in den Sehzellen die gereizten Modulatoren, d. h. die angesprochenen Substanzen verbrauchen. Diese fehlen anschließend an den betreffenden Stellen, und es entsteht ein Nachbild.

Im Nachbild erscheinen Helligkeit und Farbton in der Umkehrung: Hell wird dunkel, dunkel wird hell; rot wird grün, grün wird rot. Das Nachbild eines Farbtons entspricht der Gegenfarbe der subtraktiven Mischung. Außerdem ist das Nachbild gedämpfter als das objektive Bild, d. h. die Sättigung der Farbtöne ist stets geringer.

Das wahrgenommene Nachbild gilt auch bei aufgehellten, abgedunkelten und getrübten Tönen; sie sind dann aber weniger ausgeprägt.

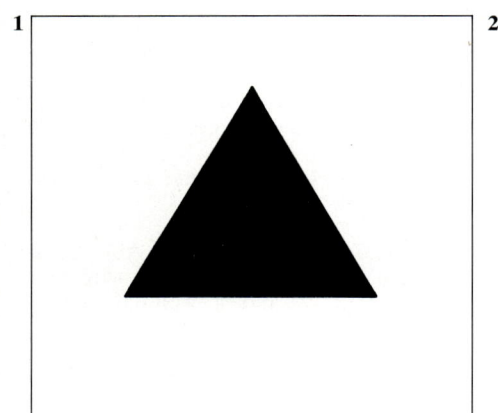
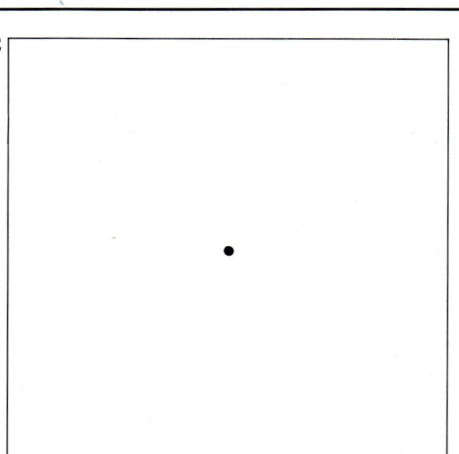

Nachbild der Form

Das schwarze Dreieck ist aus einem Abstand von 10 bis 15 cm 20 Sekunden lang konzentriert zu betrachten. Anschließend blickt man nach rechts auf den weißen Untergrund und stellt fest, daß auch hier nach und nach ein Dreieck erscheint. Dieses Dreieck wirkt heller als das weiße Papier. In diesem Nachbild erscheint die Helligkeit in der Umkehrung: Dunkel wird hell und hell wird dunkel.

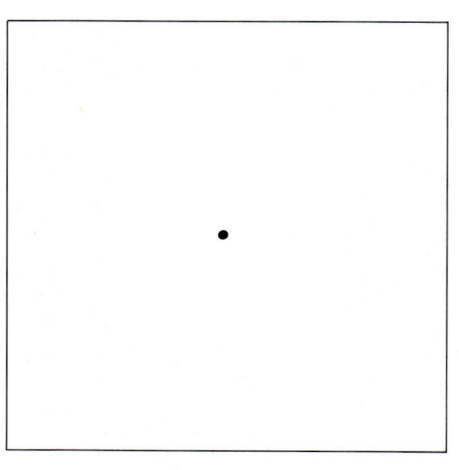

Nachbild der Farbe

Aus einem Abstand von 15 bis 20 cm visiert man mit einem Auge den roten Punkt auf dem weißen Untergrund an, während das andere Auge mit einer Hand abgedeckt wird. Konzentriert betrachtet man den Punkt 15 bis 20 Sekunden lang. Nun wechselt man den Blick rasch auf den schwarzen Fixierpunkt der rechten Quadratfläche. Nach kurzer Zeit bemerkt man, wie das Auge ein zartes Grün in Form und Größe des linken Bildes auf das weiße Bildfeld projiziert.
Gelingt dieser Versuch nicht, so sollte man ihn wiederholen, da man sich eventuell zu sehr konzentriert hat.

2.4. Pinselübungen

Die Farbvorstellungen und das Ausdrucksvermögen sollen durch farb-, material- und werkzeugtechnische Erkenntnisse angeregt und entwickelt werden.
Unterschiedliche wasserverdünnbare Anstrich- oder Malmittel auf Papier, wie Tempera- oder Aquarellfarben, sowie verschiedene Pinsel und der Untergrund sind die handwerklichen Voraussetzungen. Durch viele Übungen soll ein freies, spielerisches und unbefangenes Arbeiten mit Pinsel und Farbe trainiert werden. Die Vielfalt von Material und Werkzeug ist zu entdecken.

Diese Auseinandersetzung gliedert sich in folgende Bereiche:

- Werkzeug
  Pinselarten, Pinselführung
- Material
  Malmittel – verschiedene wasserverdünnbare Anstrich- und Malmittel, wie Tempera- oder Aquarellfarben
- Untergrund
  verschiedene Oberflächen und Eigenschaften des Malgrunds
- Form
  Punkt, Linie, Fläche, Textur usw.
- Farbe
  Ton in Ton, hell, dunkel, bunt, unbunt, warm, kalt usw.
- Komposition
  Kontraste, wie groß – klein, viel – wenig, usw.

Die zahlreichen Möglichkeiten, die sich hieraus ergeben, sind unerschöpflich. Eine Beschränkung in Art und Anzahl der zu verwendenden Farben, Formen, Techniken, Kompositionen und Themen ist zu empfehlen.

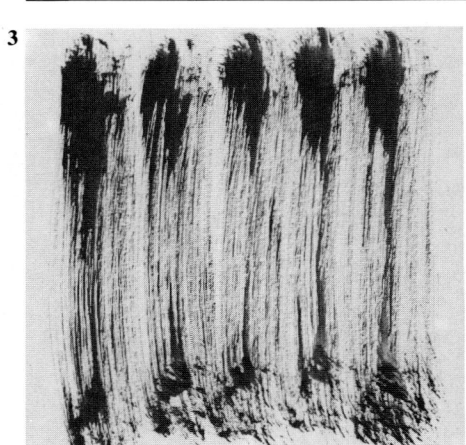

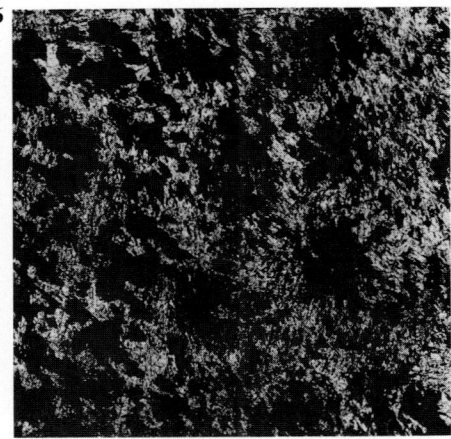

Anwendung

1–6 Flächenfüllende Pinselbewegungen, mit einem Borstenpinsel und Temperafarbe ausgeführt. Pinselführung und Farbkonsistenz sind jeweils verändert. Werkzeug, Material, Untergrund und die Kreativität des Ausführenden ergeben vielfältige Ausdrucksmöglichkeiten.

1–9 Die abgebildeten Einzelstudien wurden mit Spitzpinsel und Temperafarbe ausgeführt. Die spontane Art der Pinselführung, die Material- und Pinselbeschaffenheit sind erkennbar. Bei solchen Übungen ist eine gelöste und unverkrampfte Haltung und Führung des Pinsels notwendig sowie Konzentration, klare Überlegung und das handwerkliche Beherrschen der technischen Mittel.

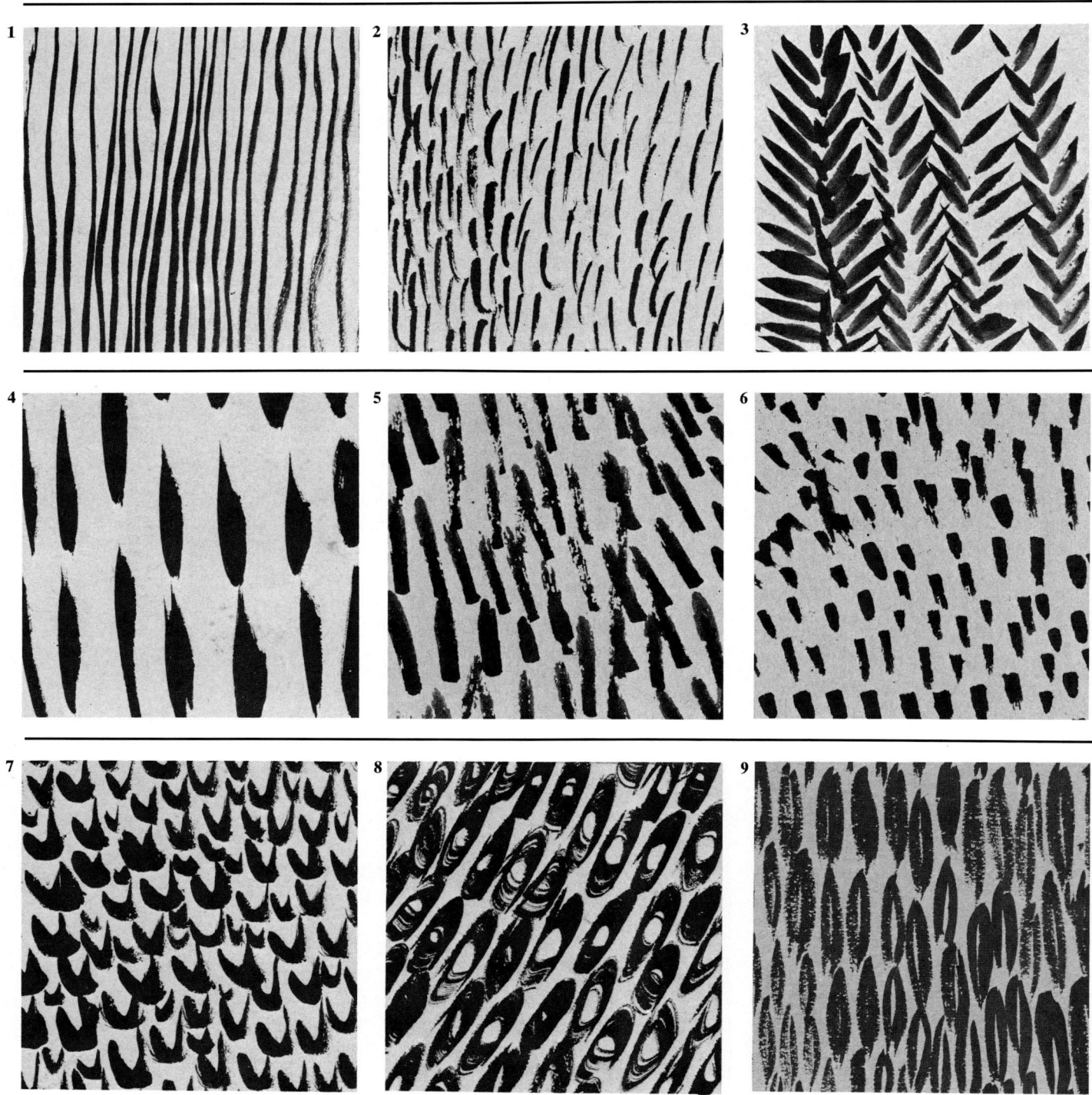

1–4 Malübungen, die durch Pinselart, Pinselführung, Farbauftrag, Form und Farbe einen bestimmten Duktus aufzeigen. Solche Übungen können die Sensibilität des Malenden für Farbe und Oberfläche verfeinern.

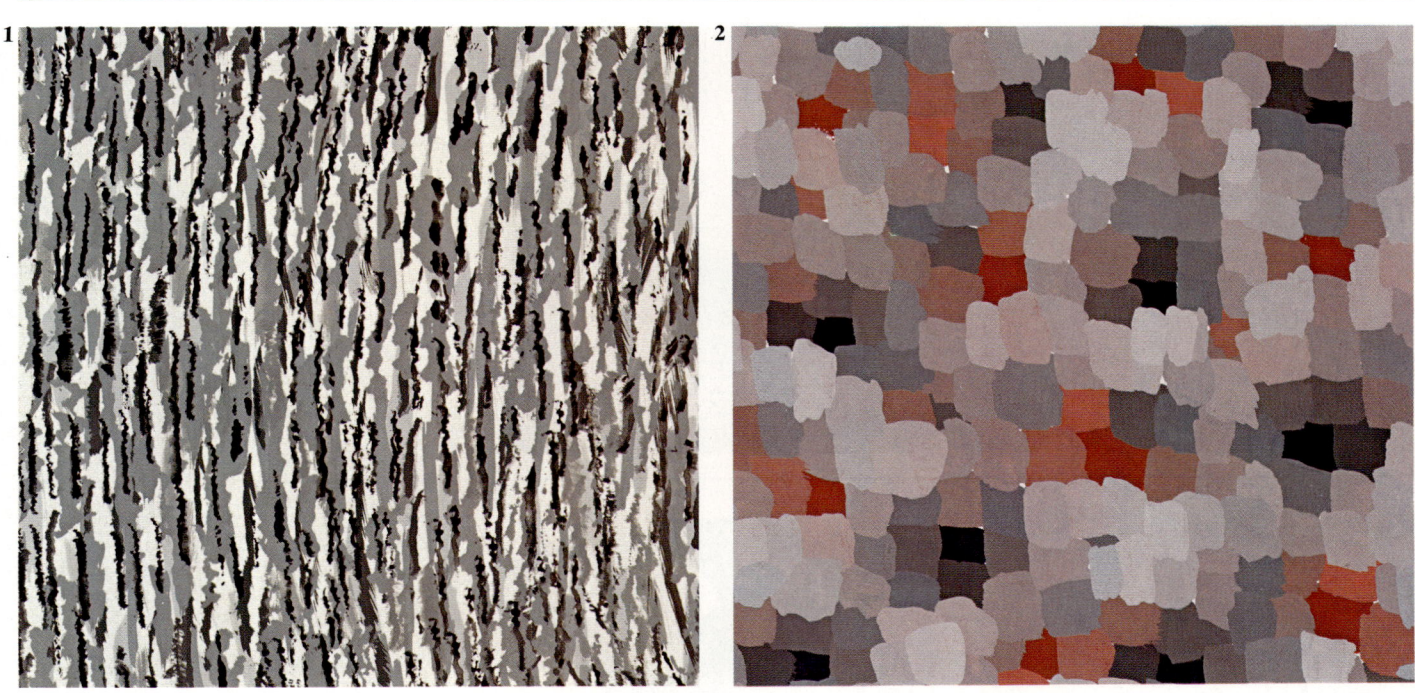

Bei folgenden Pinselübungen dienen Tempera- und Aquarellfarben als Malmittel. Durch einen entsprechend hohen Wasseranteil zur Verdünnung wird das Malmittel dünnflüssig und läßt sich mit dem Pinsel leicht verarbeiten. Da der Untergrund wegen des dünnen Farbauftrags durchscheint, spricht man dabei von einer Lasur. Die Ergebnisse dieser Übung können sehr malerisch wirken.

1+2 Aquarellfarben unterschiedlich stark mit Wasser verdünnt aufgemalt. Durch das teilweise Naß-in-naß-Arbeiten der einzelnen Farbtöne ist ein Ineinanderfließen der Farben entstanden.

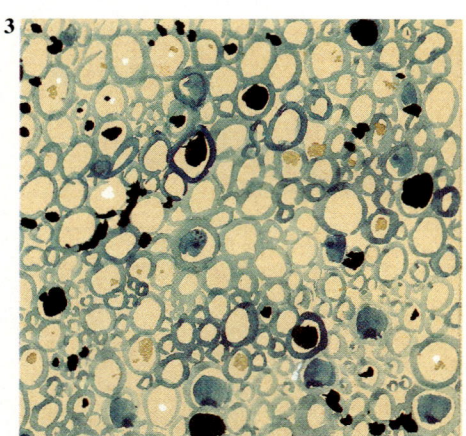 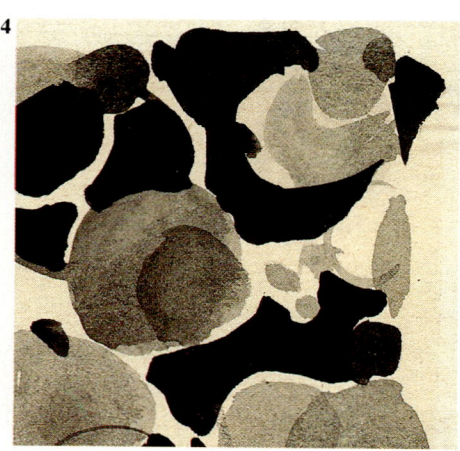

3 Mit dem Spitzpinsel deckend und lasierend aufgemalte Punkte und Kreise. Die Wirkung der Oberfläche hat die Spannung offen – geschlossen, deckend – lasierend, hell – dunkel, groß – klein.

4 Eine Flächenkomposition deckend – lasierend im Hell-Dunkel-Kontrast ausgeführt.

5+6 Naturstudien mit Pinsel und Aquarellfarbe. Eine sichere Pinselführung und Farbwahl sind die Voraussetzung zum Gelingen solcher Übungen, da Korrekturen kaum möglich sind.

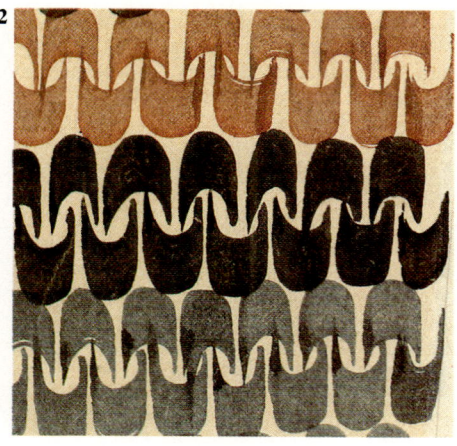

1 + 2 Mit dem Flachpinsel entstand ein gleichmäßiges Aneinanderreihen von Flächenformen. Die sich wiederholende Handbewegung ergibt eine ornamenthafte Wirkung.

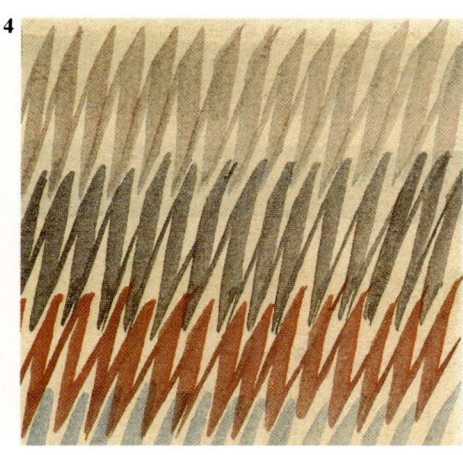

3 + 4 Übungen im gleichen Rhythmus mit dem Flachpinsel. Durch die farbige Abstimmung wird die Form teilweise hervorgehoben oder zurückgedrängt.

5 Einzelstudien mit Flachpinsel und Temperafarbe.

2.5. Subjektive Farbausmischung

Subjektive Farbausmischungen sind ein Weg zum Erkennen der natürlich gegebenen, persönlichen Art des Denkens, Fühlens und Handelns. Durch solche Übungen kann die Phantasie angeregt, das Sehen erweitert und die Sensibilität für Formen und Farben gesteigert werden.

Die folgenden Malübungen wurden mit Temperafarben auf Papier ausgeführt. Der Farbauftrag mit dem Pinsel ist entweder deckend oder lasierend möglich. Nach der Wahl des Themas wird die Malfläche formal gegliedert und anschließend farbig gestaltet, wie es der Malende gefühlsmäßig als harmonisch empfindet.

1 + 2 Gliederung der Flächen mit Zahlen im Kontrast groß–klein. Jede Fläche ist in einem anderen Farbton angelegt. Der Malende hat die Farbtöne so aufeinander abgestimmt, daß von seinem Gefühl her eine harmonische Farbkomposition entstand.

3 Darstellung einer Weintraube, die in der farbigen Gestaltung verfremdet wird.

4 Grafische Gliederung der Fläche. Die farbige Ausführung unterstreicht die strenge Lösung.

5 + 6 Zwei Blumenmotive sind in vereinfachter Form dargestellt. Abbildung 5 ist laut, Abbildung 6 zart und duftig in der Farbkomposition.

1 + 2 Das Thema Landschaft, Inhalt bei den Arbeiten, zeigt jeweils in der Gliederung der Fläche wie in der Farbkomposition einen anderen Charakter, weist auf das Persönliche des Malenden hin.

1–9 Bildhafte Malübungen zu den Themen: Landschaft, Dorf und Haus.

Die stark verspannten Flächen wirken durch die Farbe sehr individuell und interessant. Es entstehen Wirkungen wie kühl, warm, sonnig, freundlich, heiter, lustig und temperamentvoll. Der Farbauftrag ist deckend oder lasierend.

2.6. Techniken

Bei allen Techniken handelt es sich um einen handwerklichen Prozeß, den Umgang mit Werkzeug und Material.
Jede Technik hat ihre handwerkliche und gestalterische Aussage. Es bedarf deshalb entsprechender Kenntnisse, Handhabung und Erfahrung – also handwerklicher Fähigkeit –, um Werkzeug und Material richtig einzusetzen und anzuwenden.

Farbstift
Die Spur des Farbstiftes ist wie die des Bleistiftes. Der Härtegrad des Farbstiftes, die Art, wie er angesetzt wird, und die Druckstärke beim Zeichnen bestimmen den Charakter und die Intensität der Farbstiftspur. Mit dem Farbstift kann man Linien und Strukturen zeichnen und Flächen anlegen. Die Farbstiftlinie kann dünn oder dick, straff oder locker, zart oder intensiv sein. Besonders gut eignet sich der Farbstift für die Darstellung kleiner Motive und für Aufgaben, die äußerste Genauigkeit verlangen.

Pastellkreide – Pastellstifte
Die Stifte bestehen aus lichtechten Farbpigmenten, die durch Leim in ihrer Form zusammengehalten werden. Zur besseren Handhabung sind diese meist mit einer Papierumklebung versehen. Es handelt sich hierbei um ein Malen mit Pigmenten auf einem mehr oder weniger rauhen Malgrund, auf dem die Pigmente durch Adhäsion haften und nicht von einem Bindemittel festgehalten werden.
Pastellmalereien und -zeichnungen müssen eine nachträgliche Festigung durch Fixativ erhalten.

Aquarellfarben
Aquarellfarben sind in fester oder dickflüssiger Form (Näpfchen oder Tuben) erhältlich. Sie bestehen meist aus feinst verriebenen Pigmenten, die mit Gummi arabicum o. ä. gebunden sind. Verdünnungsmittel ist Wasser. Das Malen mit Aquarellfarben erfordert eine gewisse Sicherheit im Umgang mit Pinsel und Farbe. Die Farbe wird lasierend auf weißes oder leicht getöntes Papier aufgetragen. Dieses scheint durch die Farbe hindurch und gibt ihr Leuchtkraft. Als Malgrund verwendet man schwach saugendes Papier, am besten spezielle Aquarellpapiere.

Leimfarbe
Eine Leimfarbe setzt sich aus Pigment, Leim als Bindemittel und Wasser als Verdünnungsmittel zusammen. Man unterscheidet zwischen tierischen und pflanzlichen Leimen. Durch Leimart und Leimmenge wird die Wischfestigkeit einer Leimfarbe erzielt. Sie ist wasserlöslich und deshalb nur für den Innenbereich verwendbar. Die Leimfarbe dient als Anstrichmittel und ist auch für dekorative Malarbeiten gut geeignet. Sie ergibt sehr helle, duftige Töne. Man läßt einen Ton trocknen, bevor man den folgenden Auftrag durchführt. Um beim Nachmischen den alten Ton wieder zu treffen, muß man ihn befeuchten.

Temperafarbe
Temperafarbe ist eine pastose Künstlerfarbe, die in Tuben oder Töpfen im Handel erhältlich ist. Als Bindemittel dient eine Emulsion. Nach der Zusammensetzung unterscheidet man Leim-, Wachs-, Eigelb-, Kasein- und Öltempera. Die Temperafarben bleiben lange lagerfähig, trocknen heller und stumpfer auf, als die Paste aussieht. Sie sind mit Wasser verdünnbar und können deckend und lasierend verwendet werden. Temperafarben eignen sich besonders gut für die Entwurfsarbeit, da sie schnell trocknen und leicht zu verarbeiten sind.

Kasein
Ausgangspunkt für die Kaseinfarbe ist das Milcheiweiß. Das aus Milch gewonnene gelbliche Pulver wird für Malzwecke durch Ammoniak, Borax oder Kalk alkalisch aufgeschlossen. Bekannt ist die Kaseintempera, deren Bindemittel eine Emulsion aus mit Borax aufgeschlossenem Kasein und Leinölfirnis ist. Kaseinfarben trocknen samtartig auf. Sie können deckend und lasierend verarbeitet werden. Bedingt durch ihre pastose Konsistenz führen sie leicht zu einem plastischen Farbauftrag.

Fett-, Öl- und Wachskreiden
Die Fett-, Öl- und Wachskreiden liegen in ihrem zeichnerischen und malerischen Ausdruck zwischen Stift und Pinsel. Die Art, wie man die Kreide ansetzt, und die Druckstärke beim Zeichnen ergeben die charakteristische Wirkung. Diese ist malerischer als bei Stiften, neigt aber leicht zur Buntheit. Es können mehrere Schichten übereinandergelegt werden; dadurch sind alle nur denkbaren Zwischentöne erzielbar. Bei entsprechenden Schichten ist auch ein Schaben mit dem Messer möglich.

Ölfarbe
Zum Malen ist die Ölfarbe als Studien- und Künstlerölfarbe in einer breiten Farbpalette erhältlich. Man vermalt die pastenförmige Ölfarbe mit dem Borstenpinsel, bei feiner zeichnerischer Darstellungsweise auch mit dem Haarpinsel oder trägt sie mit der Spachtel auf. Als Verdünnungsmittel verwendet man Terpentinöl oder Testbenzin. Der Farbauftrag kann pastos, halbdeckend oder lasierend sein. Als Malgrund sind Leinwand, Holz, Metalle und Pappe am gebräuchlichsten. Kein anderes Material erlaubt solche Vielseitigkeit in der handwerklichen und künstlerischen Ausführung wie die Ölfarbe. Die Technik erfordert jedoch viel Erfahrung.

Alkydharzlack
Man unterscheidet bei den Alkydharzlakken unter lang-, mittel- und kurzöligen Typen. Je nach Zusammensetzung ergeben sich verschiedene Anwendungsgebiete. Außerdem teilt man sie ein in luft- und ofentrocknende Alkydharzlacke. Sie sind sehr wetterbeständig und haften gut auf dem Untergrund. Die meisten lufttrocknenden Alkydharzlacke werden mit Testbenzin verdünnt, ofentrocknende mit Speziallösungsmittel. Der Auftrag erfolgt mit Pinsel oder Spritzpistole. Als Untergründe sind Metall, Holz, Glas und Kunststoff am besten geeignet.

Nitrozelluloselack
Nitrozelluloselacke, auch Nitrolacke genannt, sind auf vielen Untergründen verwendbar. Sie haben als entscheidenden Anteil Nitrozellulose im Bindemittel und zeichnen sich durch schnelle Trocknung aus. Durch den hohen Lösungsmittelanteil ist das Füllvermögen gering. Die Oberfläche ist polierfähig. Für die Verarbeitung eignet sich das Spritzverfahren wegen der schnellen Trocknung am besten. Beim Verarbeiten ist auf gute Entlüftung zu achten.

Polyesterlack
Polyesterlacke sind Zweikomponentenlacke. Stammlack und Härter werden getrennt geliefert und müssen vor der Verarbeitung in dem vom Hersteller vorgeschriebenen Verhältnis gründlich vermischt werden. Die Filmbildung erfolgt vorwiegend durch chemische Reaktion, deshalb können diese Lacke in großer Schichtdicke aufgetragen werden. Die Filme sind hart und polierfähig. Die Verarbeitung erfolgt durch Spritzen, Gießen oder Streichen (Malen). Wegen der schwierigen Verarbeitung und aus Preisgründen werden Polyesterlacke nur begrenzt verwendet. Zur Verdünnung sind nur Speziallösungsmittel geeignet.

Acrylharzlack
Acrylharzlacke, auf der Basis von polymerisierten Acrylestern hergestellt, sind wasserverdünnbar und trocknen zu wasserfesten Filmen auf. Pinsel und andere Geräte, die mit Acrylfarbe in Berührung gekommen sind, müssen sofort gereinigt werden, da ein getrockneter Acrylfilm durch Wasser, Terpentinöl oder Testbenzin unlöslich ist. Die Verarbeitung ist problemlos und kann deckend und lasierend ausgeführt werden. Die gute Haftfähigkeit, die Filmelastizität und die außergewöhnliche Chemikalienbeständigkeit machen diesen Anstrichstoff zu einem vielseitig verwendbaren Material.

Filz- und Faserschreiber
Filzschreiber sind grundsätzlich mit einer Lösungsmitteltusche gefüllt. Diese besteht aus einer Anilinfarbe und den Lösungsmitteln Toluol und Xylol; sie ist benzolfrei und daher ungiftig. Faserschreiber hingegen basieren auf einer Wassertinte; sie können nicht für glatte Oberflächen eingesetzt werden, da sie abperlen würden. Die Handhabung, wie Ziehen, Stoßen oder Schieben, und die Druckstärke bestimmen den Charakter der Linie. Der Filz- und Faserschreiber kann mit Leichtigkeit in alle Richtungen geführt werden. Das Arbeiten mit ihm zwingt zur Entscheidung und verlangt Mut und Sicherheit. Korrekturen sind durch Überarbeiten möglich. Zum Zeichnen eignen sich die Filz- und Faserschreiber besonders gut. Verschiedene Filzbreiten, Filzformen und ein umfangreiches Farbsortiment ermöglichen einen vielseitigen Einsatz. Zum Zeichnen, Malen und Schreiben bieten sich alle Papiersorten an, vor allem feinkörnige und glatte.

Dispersionsfarben
Dispersionsfarben sind wasserverdünnbare Anstrichstoffe, die wasserunlöslich auftrocknen. Je nach Qualität unterscheidet man zwischen wasch-, scheuer- und wetterbeständigen Dispersionsfarben. Sie lassen sich leicht verarbeiten und können auf jeden nicht fetthaltigen Untergrund aufgetragen werden. Man kann in beliebig vielen Schichten übereinandermalen. Die Dispersionsfarben sind in zahlreichen Farbtönen im Handel erhältlich.

Silikatfarben
Silikatfarben sind ein wasserverdünnbarer, stark alkalischer Anstrichstoff. Entdeckt wurde die Maltechnik von A. W. Keim. Als Bindemittel dient ein kieselsäurereiches Wasserglas; das zu verwendende Pigment muß licht- und alkalibeständig sein. Geeignete Untergründe sind verkieselungsfähige Flächen, die noch nicht anderweitig gestrichen oder bemalt wurden, z. B. Beton, Kalk- und Zementputz, Ziegel, Naturstein und Asbestzement. Die Farben, die absolut lichtecht, wetterfest und unempfindlich gegen schwefelhaltige Abgase sind, können deckend oder lasierend aufgetragen werden. Sie erscheinen matt und haben eine volle Leuchtkraft.

Freskomalerei
Die Freskomalerei ist eine Maltechnik, bei der mit Kalkwasser angerührte Pigmente auf den frischen, noch nassen Kalkputz aufgetragen werden. Für die Fresko-Technik kommen nur völlig kalk- und lichtechte Pigmente in Frage. Bei der Kalksteinbildung des Mörtels werden die Pigmente durch das sich ergebende Sinterhäutchen fest verbunden. Die Ausführung erfolgt mit weichen Borsten- und Haarpinseln. Die Technik verlangt eine Beschränkung in der Zahl der verwendeten Farben.

Seccomalerei
Die Seccomalerei ist eine Maltechnik auf trockenem, mit Kalkmilch grundiertem Grund. Dieser wird stark genäßt und mit dünner Kalkmilch überstrichen, die Zeichnung aufgepaust und die Konturen mit Kaseinfarben nachgezogen; dann erfolgt ein neuer Kalkmilchüberzug, in den naß in naß mit Kaseinfarben gearbeitet wird. Man kann aber auch auf die trockene Tünche malen. Die Ausführung geschieht mit Haar- oder Borstenpinsel. Oft wird die Untermalung in Fresko ausgeführt und darüber in Secco vollendet. Für außen ist die Seccomalerei nicht zu empfehlen.

Mosaik
Mosaiken sind aus verschiedenfarbigen Stücken eines festen Materials zusammengesetzte Flächengliederungen oder bildhafte Darstellungen. Das typische und traditionsreichste Mosaikmaterial ist Stein. Verschiedenfarbige Steine, in entsprechender Größe zugeschlagen, werden in Zementmörtel eingebettet. Teilweise wird der Mörtel heute durch Spezialkleber ersetzt. Man unterscheidet Platten-, Würfel- und Stiftmosaik.

2.7. Farbauftrag – Techniken

Farbe kann durch verschiedene handwerkliche Prozesse sichtbar gemacht werden. Die Art des Materials, der Anstrichstoff sowie das Werkzeug und der Untergrund sind die Voraussetzungen dafür.
Die aufgezeigten Beispiele sind nicht nach einer Rangordnung festgelegt, sondern bilden eine Auswahl der typischsten und gebräuchlichsten handwerklichen Vorgänge, Farbe als optischen Sinneseindruck darzustellen.

Farbe kann sichtbar gemacht werden durch

- Streichen
- Malen
- Rollen
- Spritzen
- Tauchen
- Fluten
- Gießen
- Beizen
- Lasieren
- Färben
- Schablonieren
- Wickeln
- Spachteln
- Verputzen
- Kratzen
- Zeichnen
- Schraffieren
- Schneiden
- Reißen
- Kleben
- Spannen
- Drucken

Hierfür eignen sich unterschiedliche Werkzeuge, Werkstoffe, Materialien und Untergründe.

Untergründe	• anorganische	• mineralische	• Steine • Putze • Platten
		• Metalle	• Stahl • Aluminium • Zink
		• Glas	
	• organische	• Holz • Papier • Gewebe • Kunststoffe	
Werkzeuge – Maschinen	• manuelle	• Streichen – Malen	• Ringpinsel • Kluppenpinsel • Kapselpinsel • Flachpinsel • Kielpinsel • Spitzpinsel • Bürsten
		• Rollen	• Lammfellrolle • Perlon-Nylonrolle • Plüschrolle • Schaumstoffrolle • Schaumgummirolle • Musterwalzen
		• Wickeln	• Lappen
		• Spachteln	• Spachtel • Kelle • Traufel
		• Verputzen	• Kelle • Traufel
	• maschinelle	• Spritzen	• Niederdruckspritzen • Hochdruckspritzen • Höchstdruckspritzen • Sonderspritzverfahren
		• Tauchen	• Tauchanlage
		• Fluten	• Gießmaschine • Flow-Coating-Verfahren
		• Drucken	• Hochdruck • Tiefdruck • Flachdruck • Siebdruck
		• Verputzen	• Putzmaschine

Streichen
Ein altes und einfaches Verfahren zum Auftragen von Anstrichstoffen ist das Streichen mit Pinseln und Bürsten. Streichwerkzeuge stehen in vielfältigen Formen zur Verfügung. Sie sind nach Anstrichobjekten, nach Werkzeugmaterial, wie Borsten, Haare, Fasern, sowie nach der Bindung (Borstenbefestigung) eingeteilt. Beim Streichen handelt es sich um das gleiche Verfahren wie beim Malen. Streichen ist der gleichmäßige Auftrag von Anstrichstoffen, ein Applikationsverfahren rein handwerklicher Art. Malen dagegen ist der vielfältige Auftrag von Anstrichmitteln nach künstlerischen Gesichtspunkten.

Malen
Die Malerei, das älteste Zeugnis gestalterischen Schaffens des Menschen, hat eine über Jahrtausende zurückreichende Geschichte. Seit dieser Zeit versucht der Mensch, seine Umgebung durch Malen einzufangen. Das Auftragen des Anstrichmittels geschieht mit Hilfe eines Malwerkzeugs (Pinsel). Durch Malwerkzeuge, Malfarbe (Anstrichmittel), Maluntergrund und persönliche Kreativität ergeben sich unbegrenzte Möglichkeiten.

Schablonieren
Schablonieren bedeutet Ausfüllen der in Schablonen ausgeschnittenen Stellen mit Anstrichstoffen, sogenannten Schablonierfarben. Das sind Dispersions-, Acryl- oder Lackfarben, die nicht zu dünnfließend eingestellt sein dürfen, damit keine unsauberen Ränder entstehen. Auftragsverfahren sind Streichen, Spritzen und Spachteln.

Rollen
Mit Rollwerkzeugen lassen sich große Flächen schneller beschichten als mit Streichwerkzeugen. Der Anstrich bekommt ein feines Korn (eine strukturierte Oberfläche). Musterwalzen werden eingesetzt, wenn die Oberfläche stärker strukturiert sein soll. Rollwerkzeuge gibt es in verschiedenen Größen mit Schaumgummi-, Schaumstoff-, Plüsch-, Lammfell-, Perlon- oder Nylonbezug in Langfell- oder Kurzfellausführung.

Spritzen
Spritzt man Anstrichstoffe auf einen Untergrund, zeigen sich fleckenhafte, rundförmige Gebilde. Je nach Anstrichstoff, Spritzgerät, Spritzrichtung, Entfernung vom Untergrund, Beschichtungsmenge und Farbwahl ergeben sich die verschiedensten Wirkungen. Mit einfachen Werkzeugen, wie Pinsel und Bürste, oder hochentwickelten Spritzverfahren, wie Niederdruck, Hochdruck und Höchstdruck, oder mit der Sprühdose lassen sich Flächen auf vielfältige Art gestalten. Die Spritztechnik bedeutet gegenüber der traditionellen Streichtechnik eine erhebliche Zeitersparnis und macht die Verarbeitung schnell trocknender Anstrichstoffe möglich.

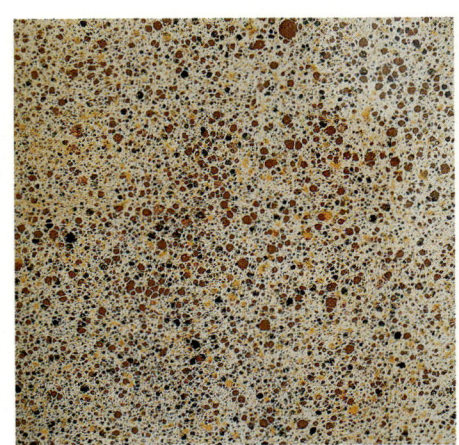

Höchstdruckspritzen
Beim Höchstdruckspritzverfahren wird der Anstrichstoff luftfrei aufgespritzt. Eine Hochdruckpumpe saugt den Anstrichstoff aus einem Behälter und drückt ihn durch einen Hochdruckschlauch zur Spritzpistole. Der Anstrichstoff wird durch eine kleine Düse gepreßt und zu winzig kleinen Farbteilchen zerstäubt. Die Zerstäubung erfolgt luftlos. Die Farbnebelbildung ist geringer als beim Hochdruckspritzen. Aufgrund der sehr feinen Düsenöffnung können nur feinpigmentierte Anstrichstoffe verarbeitet werden. Dieses Spritzverfahren bezeichnet man auch als Airless-Spritzen.

Hochdruckspritzen
Wie beim Niederdruckspritzen wird der Anstrichstoff durch Druckluft in kleine Tröpfchen zerstäubt und auf den Untergrund gespritzt. Zur Druckerzeugung dient ein Kompressor oder eine Druckluftflasche. Je nach Leistung gibt es tragbare, fahrbare und stationäre Anlagen. Die Spritzpistole hat eine kleine Düse und einen kleinen Schlauchquerschnitt. Durch die feine Zerstäubung entsteht ein feineres Spritzbild. Die Verdünnungsmittelzugabe ist geringer. Wegen starker Farbnebelbildung ist eine Absauganlage oder ein Atemschutzgerät erforderlich.

Spritzen mit Sprühdosen
Druckfeste Behälter enthalten Anstrichstoffe mit einem Treibgas. Durch Öffnen des Spritzventils wird der Anstrichstoff aus der Dose gedrückt und zerstäubt. Sprühdosen eignen sich besonders für kleinflächige Arbeiten.

Das Sprühdosen-Dekor auf den Säulen wirkt wie Rankenwerk. Experiment am Museumseingang des Fridricianums während der 7. documenta in Kassel.

Tauchen
Der zu beschichtende Gegenstand wird in den Anstrichstoff getaucht und nach vollständiger Benetzung wieder herausgehoben. Überschüssiger Anstrichstoff läuft ab. Durch die Viskosität des Anstrichstoffs kann die Schichtdicke beeinflußt werden. Dieses Verfahren wird vor allem in der Industrie zur Beschichtung von Geräten und Maschinen angewandt.

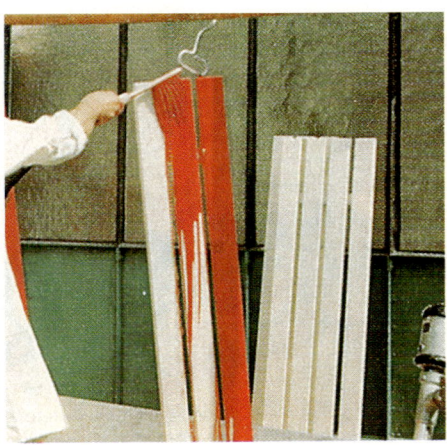

Fluten
Beim Fluten wird der zu beschichtende Gegenstand mit dem Anstrichstoff (Flutlack) übergossen. Der Überschuß läuft ab, wird in der Auffangwanne gesammelt und wieder zur Flutdüse gepumpt. Auf diese Weise können Gegenstände in großer Stückzahl bei geringem Zeitaufwand beschichtet werden.

Gießen
Eine interessante Technik ist das Aufgießen von Anstrichstoffen (z. B. Lack) auf einen planen Untergrund. Durch entsprechendes Einstellen des Lacks kann dieser in seinem Verlauf geändert werden; dabei ergeben sich viele technische und gestalterische Variationen.

Beizen
Beizen ist Einfärben von Holz mit einem Farbstoff. Jeder Farbton ist in der Beiztechnik herzustellen. Die Holzmaserung bleibt sichtbar, weil sich je nach Beizverfahren die Frühholzzonen der Jahresringe von den Spätholzzonen durch hellere oder dunklere Tönung unterscheiden. Es gibt vier Grundverfahren des Beizens: Einschichtverfahren, Zweischichtverfahren, Wachsbeizen und Räucherbeizen.

Lasieren

Lasieren ist ein Anstrich mit durchscheinendem (lasierendem) Anstrichmittel. Man unterscheidet wäßrige und ölige Lasuren. Wäßrige Lasuren eignen sich besonders für Holzimitationen. An Lasurmitteln stehen Bier, Milch, Essig, Celluloseleim und Dispersionen zur Verfügung. Für ölige Lasuren eignen sich die Bindemittel Leinölfirnis oder Lack farblos. Außerdem gibt es im Handel eine Vielzahl von Fertiglasuren. Verschiedene Werkzeuge zum Vertreiben und Strukturieren der Flächen ermöglichen vielseitige Techniken. Bei mehrmaligem Überarbeiten einer Fläche mit Lasurfarben können sehr malerische Oberflächen erzielt werden.

Färben

Zum Färben eignen sich am besten Gewebe, wie Leinen, Baumwolle und Seide. Der Farbstoff dringt nachhaltig in die Flächen und Fasern des Gewebes ein. Beim Färben und Mustern sind zwei Verfahren zu unterscheiden:
Farbe auf das Gewebe,
Gewebe in die Farbe.
Bei der ersten Arbeitsweise wird der flüssige Farbstoff durch Auftupfen, Aufgießen oder kurzes Eintauchen eines Stoffteils aufgebracht. Beim zweiten Verfahren wird das Gewebe nach der Reservage, welche einzelne Stoffteile der Färbung vorenthält, im ganzen in das Farbstoffbad getaucht.

Wickeln

Ein Putzlappen wird in das Anstrichmittel getaucht, ausgewrungen und zu einer lockeren, faltigen Rolle geformt, die man mit beiden Händen über die zu wickelnde Oberfläche rollt. Die Abdrücke der Falten des Lappens ergeben ein quer zur Rollrichtung liegendes Muster. Die Wirkung ist dekorativ und von gesteuerten Zufälligkeiten bestimmt. Durch mehrmaliges Übereinanderarbeiten mit verschiedenen Farbtönen können Feinabstimmungen erreicht werden.

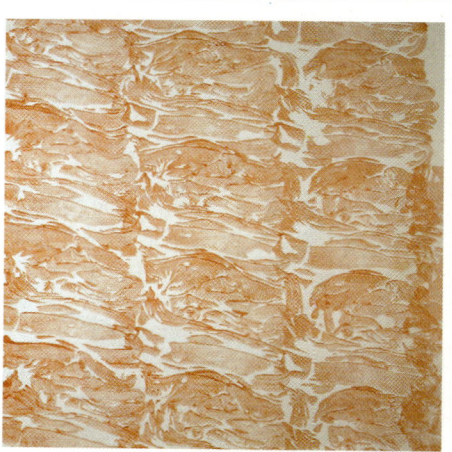

Spachteln

Dispersions- oder Binderfarbe wird mit der Spachtel auf Putz- oder Holzuntergründe aufgetragen. Weitere aufeinandergelegte Spachtelschichten ergeben eine porzellanglatte Fläche. Durch entsprechende Farbkombinationen der Spachtelschichten kann ein reizvoller, malerischer Oberflächencharakter erzielt werden, der durch den Spachtelansatz einen gewissen Duktus erhält. Zur Erhöhung der Oberflächenglätte wird die Fläche mit Wachs eingerieben und poliert.
Mit eingefärbten Spachtelmassen und -putzen lassen sich auch viele farbige Oberflächentechniken entwickeln.

Verputzen
Man unterscheidet Gips-, Kalk-, Zement- und Kunststoffputz. Putz wird in bestimmter Dicke ein- oder mehrlagig manuell oder maschinell aufgetragen. Er hat die Aufgabe, Schutz gegen Witterung und chemische und mechanische Einflüsse zu geben und die Flächen zu verschönern, indem er die Unebenheiten und das oft unschöne Aussehen von rohem Mauerwerk oder ähnlichen Untergründen überdeckt. Putze können mit Pigmenten eingefärbt werden. Als Werkzeuge zum Auftragen dienen Kelle, Reibbrett und Traufel. Durch die handwerkliche Antrage- und Bearbeitungstechnik lassen sich vielfältige Putzoberflächen herstellen.

Kratzen
Mit mehreren verschiedenfarbigen Schichten gearbeitete Kratztechnik. Durch Ab- und Auskratzen der oberen Schichten werden andersfarbige, darunterliegende Schichten freigelegt. Nach diesem Prinzip gestaltet man mit Putz (Sgraffito), Kunststoff-Folien, Lack- oder Wachsschichten und Dispersionsspachtelmassen dekorative Oberflächen.

Schneiden
Als Schneidewerkzeuge eignen sich Schere, Messer, Schneidemesser, Schneidemaschine, Rasierklinge und dergleichen. Als Arbeitsmaterial bieten sich Papier, Pappe, Karton, Folien und Textilien an. Die Materialien können frei, d. h. ohne Vorzeichnen, geschnitten werden. Hierdurch entsteht Frische und Ursprünglichkeit. Im Gegensatz dazu steht das geplante und exakte Schneiden mit handwerklicher Präzision.

Kleben
Werden zwei Materialien oder Teile aus dem gleichen Stoff mit Klebstoff fest miteinander verbunden, oder wird ein Material mit Klebstoff auf einem Untergrund befestigt, so bezeichnet man dies als Kleben. Hierzu gibt es die verschiedensten Klebstoffe vom Alleskleber bis zu den Spezialklebern. Bei den Klebstoffen handelt es sich um organische oder anorganische Stoffe oder Verbindungsgemische. Gebräuchliche Materialien zum Kleben sind Papier, Holz, Kunststoff, Metall, Fliesen, Glas und Gewebe.

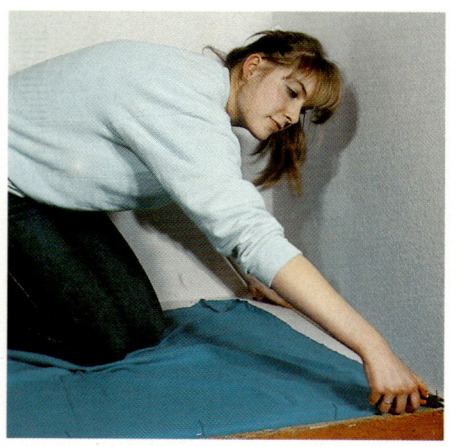

Spannen
Durch Spannen können textile Stoffe und Kunststoffe an Decken, Wänden und Böden dauerhaft angebracht werden. Die verspannbaren Materialien sind in Qualität, Festigkeit, Gewicht, Webart und Ausrüstung speziell für die Raumausstattung geschaffen. Anwendung findet das Spannen entsprechender Materialien in der Dekoration bis hin zu hochwertigen Innenraumgestaltungen.

Tapezieren
Als Tapezieren bezeichnet man das Bekleben von Flächen mit Tapeten oder tapetenähnlichen Materialien. Hierfür eignen sich Decken-, Wand-, Möbel- und Türflächen im Innenraum. Für fast jede Beanspruchung und gestalterische Wirkung gibt es entsprechende Tapeten. Kenntnisse über Untergründe, Tapetenarten und Tapetenkleber sowie die handwerkliche Verarbeitung mit dem entsprechenden Tapezierwerkzeug sind Voraussetzung.

Reißen
Papier, Karton, Pappe oder ähnliche Materialien, die sich reißen lassen, sind hierfür geeignet. Wichtig ist, daß bei dieser Technik das Gerissene des Materials zum Ausdruck kommt. Reißen ist ungleichmäßig, spontan und zufällig. Dies sollte bei Farbe, Form, Komposition und Montage beachtet werden.

Collage
Aus buntem Papier oder ähnlichem Material geklebte Flächengliederungen oder bildhafte Darstellungen nennt man Collagen. Als Grundfläche eignet sich am besten ein fester Karton, zum Kleben ein Kontaktkleber. Vielseitiges farbiges Papier ist in Illustrierten zu finden. Die einzelnen Teile werden gerissen oder geschnitten. Anschließend verschiebt man die Teilstücke auf dem Untergrund so lange, bis eine interessante Lösung gefunden ist und klebt diese auf.

Zeichnen
Die Art des Zeichenwerkzeugs und seine Handhabung bestimmen den Charakter einer Zeichnung. Mit Zeichenwerkzeugen, wie Filz- und Faserschreiber, Farbstift und Pastellkreide, kann man Linien und Strukturen zeichnen und Flächen anlegen. Das Grafische steht im Vordergrund, es kann aber das Malerische beinhalten.

Schraffieren
Die Fläche wird durch gleichmäßiges Aneinanderlegen von Linien oder durch gleichmäßiges Auftragen des Zeichenmittels erzielt. Hierfür eignen sich Farb- und Pastellstifte. Der Härtegrad des Farb- und Pastellstiftes, die Art der Handhabung sowie das Korn des Papiers bestimmen den Oberflächencharakter. Scharf abgegrenzte Flächen entstehen mit Hilfe von Papierschablonen. Eine nachträgliche Festigung durch Fixativ ist zu empfehlen.

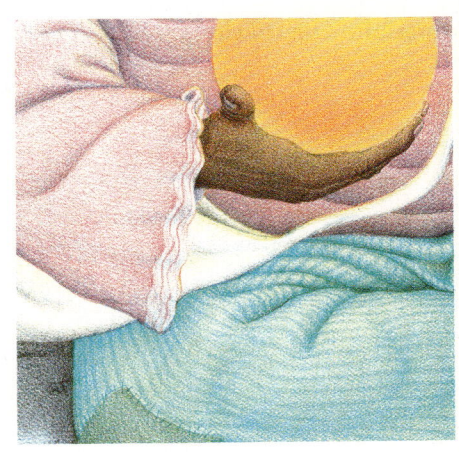

Drucken
Drucken ist ein Verfahren, Farbe und Form rationell zu wiederholen. Man bezeichnet damit die Tätigkeit, eine nach der Vorlage hergestellte Form mittels Farbe unter Pressedruck auf eine Oberfläche zu übertragen. Wir unterscheiden grundsätzlich vier verschiedene Druckverfahren: den Hochdruck, den Flachdruck, den Tiefdruck und den Durchdruck (Siebdruck).

Kombinieren
Zwei oder mehrere handwerkliche Prozesse zueinanderkombiniert, ergeben eine Vielfalt gestalterischer Möglichkeiten. Durch Experimentieren bekommt man eine Verstellung der zahlreichen Motive; sie zeigen den unerschöpflichen Reichtum gestalterischer, handwerklicher und künstlerischer Aussagen auf.

65

2.8. Material

Allgemeines

Beim Gestalten mit Farbe sollte die Eigenfarbe der Gegenstände beachtet werden, denn viele Dinge – vor allem unveränderte Naturprodukte – besitzen eine für sie charakteristische Farbe.

Bis zum Beginn der Industrialisierung war die Auswahl der Baustoffe, Arbeitsmaterialien und Farben nicht sehr problematisch. Man hatte eine relativ geringe Auswahl bei den natürlichen Materialien wie Holz, Naturstein, Putz, Bast und Naturfasern. Die teilweise praktizierte Veränderung der Oberflächen durch Bearbeitung oder Farbauftrag geschah mit den vorhandenen anorganischen und organischen Pigmenten. Hinzu kam, daß eine langjährige Erfahrung über diese Materialien und Techniken vorhanden war.

Die heutigen sehr viel höheren Anforderungen hinsichtlich Qualität und Erscheinung, erfordern eine intensive Auseinandersetzung mit den Materialien und ihren Eigenschaften. Die Gestalter, Planer und Ausführenden stehen heute vor einer Vielzahl unterschiedlicher Materialien, bei denen eine Langzeiterprobung nicht vorhanden ist, und haben somit schwierigere und problematischere Voraussetzungen bei der Materialauswahl als je zuvor.

Material – Oberfläche

Bei jedem Material wird zunächst die Oberfläche beachtet. Man unterscheidet folgende Begriffe:
- Strukturen
- Texturen
- Fakturen

Die Oberfläche eines Gegenstandes beeinflußt die Farbwirkung. Daher ist es nicht gleichgültig, ob z. B. ein Rot auf einer glänzenden oder matten, auf einer glatten oder bewegten Oberfläche erscheint oder ob die natürliche Oberfläche des Materials belassen oder ob sie verändert wird.

Strukturen

Mit Strukturen wird der erkennbare, gewachsene Aufbau eines Baustoffs bezeichnet, z. B. die Jahresringe und die Poren bei Holz oder die Adern, Einschüsse und Durchdringungen bei Marmor.
Die Struktur eines Materials ist immer vorhanden, unabhängig von der Oberflächenbearbeitung.

Texturen

Das Zusammenfügen von gleichen Materialien zu einer Einheit bezeichnet man als Textur. Aufgrund des Zusammenfügens entsteht eine arttypische Oberfläche. Hieraus resultieren die Eigenarten und Eigenschaften wie Schattenbildung und Saugfähigkeit.

Fakturen

Techniken einer materialtypischen Oberflächenbearbeitung werden als Fakturen bezeichnet. Die Bearbeitung der Oberfläche durch Einfräsen von Rillen, durch Schleifen, Aufrauhen, Einkerben, Stanzen usw. sowie das farblose Lackieren sind typische Techniken der Faktur.

Material – Kontrast

Jedes Material, bei dem wir zunächst die Oberfläche wahrnehmen, besitzt durch seine Strukturen, Texturen und Fakturen einen materialtypischen Charakter. Hinzu kommen das farbige Aussehen der Oberfläche, die Materialart und Materialeigenschaft. Bei einer Kombination verschiedener Materialien zueinander oder bei einer Veränderung von Oberflächen ist darauf zu achten, daß sie den Anforderungen entsprechend aufeinander abgestimmt werden oder Kontraste bilden. Kontraste erzeugen Spannungen, d. h., gegensätzliche Werte heben sich voneinander ab. Beispielsweise kann ein Putz rauher wirken, wenn er neben einer glatten Oberfläche steht. Gestalterische Lösungen, die sich deutlich voneinander unterscheiden, hinterlassen den stärksten Eindruck.

Die wichtigsten Kontraste sind:
- glatt – rauh
- glänzend – matt
- durchsichtig – undurchsichtig
- hart – weich
- hell – dunkel
- farbig – farblos
- leicht – schwer
- breit – schmal
- groß – klein
- viel – wenig
- linear – flächig
- flächig – räumlich
- geschlossen – offen
- deckend – lasierend
- dynamisch – statisch
- dick – dünn
- hoch – niedrig
- ruhig – bewegt
- gleichmäßig – ungleichmäßig
- dicht – locker

1 glatt – rauh
2 glänzend – matt

3 durchsichtig – undurchsichtig
4 hart – weich

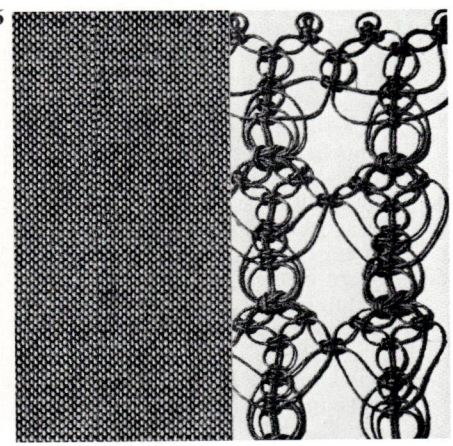

5 Farbe – Nichtfarbe
6 dicht – locker

Lernzielkontrolle zu Kapitel 2

1. Welche Faktoren bestimmen beim Arbeiten mit Farbe die handwerkliche und künstlerische Gestaltung?
2. Nach welchen handwerklichen Gesichtspunkten lassen sich die Techniken des Farbauftrags einteilen?
3. Welche Gruppen von Techniken des Farbauftrags unterscheidet man nach der Einteilung des Bindemittels?
4. Nennen Sie Materialien des Farbauftrags, die Leime als Bindemittel enthalten und die dadurch wasserlöslich sind!
5. Welche Pinselarten unterscheidet man nach dem Farbauftrag?
6. Nennen Sie Materialien, bei denen das Farbmittel zugleich Werkzeug ist!
7. Bei welchen Maltechniken ist Wasser als Verdünnungsmittel zu verwenden?
8. Welche Papiere sind günstig für Entwurfsarbeiten mit Filzstiften?
9. Welche Untergründe eignen sich für Pinselübungen?
10. Warum ist es notwendig, beim Gestalten mit Farbe selbst Übungen auszuführen?
11. Nennen Sie Materialien, die sich für die Gestaltung mit Farbe aus handwerklicher und künstlerischer Sicht gut eignen!
12. Erklären Sie die technische Handhabung des Farbstifts!
13. Erklären Sie Ölmalerei!
14. Wie ist der handwerklich-technische Vorgang einer Freskomalerei?
15. Durch welche technischen, handwerklichen Vorgänge kann Farbe sichtbar gemacht werden?
16. Nennen Sie organische Untergründe, die sich für einen Farbauftrag eignen!
17. Welche Streichwerkzeuge eignen sich für einen manuellen Auftrag des Farbmittels?
18. Nennen Sie die maschinellen Verfahren eines Farbauftrags!
19. Welche Druckverfahren unterscheidet man?
20. Erklären Sie den Begriff »Struktur« anhand folgender Materialien:
    a) Holz
    b) Marmor
21. Erklären Sie folgende Begriffe:
    a) Strukturen
    b) Texturen
    c) Fakturen
22. Nennen Sie typische Materialeigenschaften in bezug auf das Licht!

Aufgaben zu Kapitel 2

1. Einarbeitung in die elementaren Grundbegriffe der Werkstoffkunde.
   Fachbuch: »Maler, Lackierer und verwandte Berufe«
   Grundkenntnisse der Anstrichtechnik
   Farbmittel
   Lösungsmittel – Verdünnungsmittel
   Bindemittel
   Untergründe
   Applikationsverfahren
2. Aufstreichen von Temperafarbe (auch Gouache, Plakatfarben) und Üben der flächig-deckenden Malweise.
   Für die Qualität des Farbauftrags sind folgende handwerkliche Voraussetzungen bestimmend:
   a) Das Verhältnis Farbe – Verdünnungsmittel (Wasser) ergibt die jeweilige Deckkraft der Farbe.
   b) Bei gemischten Farben müssen die Ausgangsfarben gründlich miteinander vermischt sein.
   c) Die Farbmenge muß beim Auftragen richtig dosiert werden.
   d) Der Malgrund muß sich für die gewählte Farbe (Material) eignen.
   e) Die Pinsel müssen in Qualität und Größe auf die Farbkonsistenz und die Malfläche abgestimmt sein.
3. Pinselpflege
   a) Handhabung während des Farbauftrags,
   b) Handhabung beim Mischen von Farbtönen,
   c) Reinigen der Pinsel,
   d) Aufbewahrung der Pinsel.
4. Bildhafte Malübungen nach den Themen:
   Landschaft, Dorf, Haus, Blumen, Frühling, Sommer, Herbst, Winter, Volksfest, Traum, Maske, Urwald.
5. Subjektive Farbausmischung – eine Komposition mit Farben, die der Übende persönlich für gut hält. Empfehlenswert ist, die Fläche zu gliedern.
6. Den Umgang mit Werkzeug und Material üben, um die handwerkliche und gestalterische Aussage zu ergründen. Materialien hierfür sind: Filz- und Faserschreiber, Farbstift, Pastellkreide, Pastellstift, Aquarellfarbe, Leimfarbe, Temperafarbe, Fett-, Öl- und Wachskreide, Ölfarbe, Alkydharzlack, Nitrozelluloselack, Polyesterlack, Acrylharzlack, Dispersionsfarbe.
7. Malübungen in den verschiedensten Techniken, wie Aquarellmalerei, Temperamalerei, Kaseinmalerei, Ölmalerei, Silikatfarbenmalerei, Freskomalerei, Seccomalerei, ausführen. Sammeln von technischen Merkblättern und Verarbeitungshinweisen zu den verschiedensten handwerklichen Techniken.
8. Verschiedenste Techniken auf unterschiedlichen Untergründen ausführen, dabei die Vor- und Nachteile aufzeigen.
9. Verschiedene Techniken
   Durch Experimentieren verschiedene Techniken zu-, in- oder aufeinander kombinieren. Die Ergebnisse auf eine praktische Anwendbarkeit prüfen.
10. Die verschiedensten handwerklichen Möglichkeiten, Farbe auf eine Fläche aufzubringen, durch Werkproben praktizieren.
11. Übungen im Spritzverfahren machen. Versuche mit den verschiedensten Materialien und Verfahrenstechniken anstellen.
12. Durch Experimentieren mit Techniken nach neuen Aussagemöglichkeiten von Oberflächen suchen.
13. Anregungen für handwerkliches und künstlerisches Arbeiten holen durch Fachbücher, Fachzeitschriften, Museumsbesuche und Vorträge.
14. Studium alter Techniken.
15. Vorträge besuchen über die Anwendung neuester Techniken.
16. Anlegen einer Sammlung verschiedener Materialien, z. B. Holz, Textil, Metall, Glas, Kunststoff, Putz, Folien, Papier, Stein.
17. Aufstellen eines Kriterienkatalogs zur Beurteilung von Materialien.
    a) Physikalische Eigenschaften
    Gewicht, Festigkeit, Oberfläche, Formveränderungen, Verarbeitbarkeit, Beständigkeit, schalltechnische Eigenschaften, Eigenschaften in Verbindung mit Flüssigkeiten und Dämpfen.
    b) Chemische Eigenschaften
    z. B. Oxidation und Korrosion, Beständigkeit gegen Flüssigkeiten, wie Säuren, Laugen, Öle, Wasser, Lösungsmittel, Feuer, Flammen.
    c) Ästhetisch-gestalterische Eigenschaften
    z. B. Farbe, Strukturen, Texturen, Fakturen, Empfindung und Wirkung, Design.
    d) Allgemeine Eigenschaften
    Beständigkeit, Reparatur und Ersatz, Kosten, Handelsvoraussetzungen.
18. Materialtypische Oberflächenbearbeitung mit den verschiedensten Materialien durchführen.
19. Materialien zueinander kombinieren. Kontraste beachten, wie rauh – glatt, glänzend – matt.
20. Fotografieren von guten und schlechten Beispielen einer Kombination von Materialien zueinander – a) Innenraum, b) Außenraum.
21. Zusammenstellen von Klangbildern, die vom Material bestimmt werden (Material- und Farbklang). Hierbei sind die gestalterischen Grundsätze zu beachten.
22. Verändern von Materialoberflächen durch Farbe. Beobachten, inwieweit eine Verfälschung des Materials eintritt
    a) Steigerung des Materialausdrucks durch Farbe,
    b) Veredelung des Materials durch Farbe,
    c) Zerstörung des Materialausdrucks durch Farbe.
23. Beobachten, inwieweit Materialoberflächen durch Moderichtungen, Imitationen und Materialtäuschungen unsere Umwelt negativ beeinflussen. Was ist dagegen zu unternehmen?

3. Farbe – Architektur

3.1. Farbwirkung

Voraussetzung für die Lösung von Farbgestaltungsaufgaben sind Grundkenntnisse über Form und Farbe. Rein theoretisches Wissen wiederum reicht aber nicht aus, um die Vielfalt zu erfassen, die bei der farbigen Gestaltung von Fläche, Körper und Raum auftritt. Sie muß durch eigenes Üben erfahren werden.

Bei der farbigen Gestaltung von Flächen im Außen- und Innenraum sind die erkennbaren Tatsachen, wie Größen und Maße, Funktionen, Strukturen, Formen, Materialien und deren Oberflächeneigenschaften, Lichtverhältnisse, Lage und Umfeld, zu berücksichtigen.
In den folgenden Beispielen werden in vereinfachter Form farbige Wirkungen an Fläche, Körper und Raum dargestellt. Durch die Veränderung von Tonwert und Buntfarbe entsteht jeweils eine andere Wirkung.

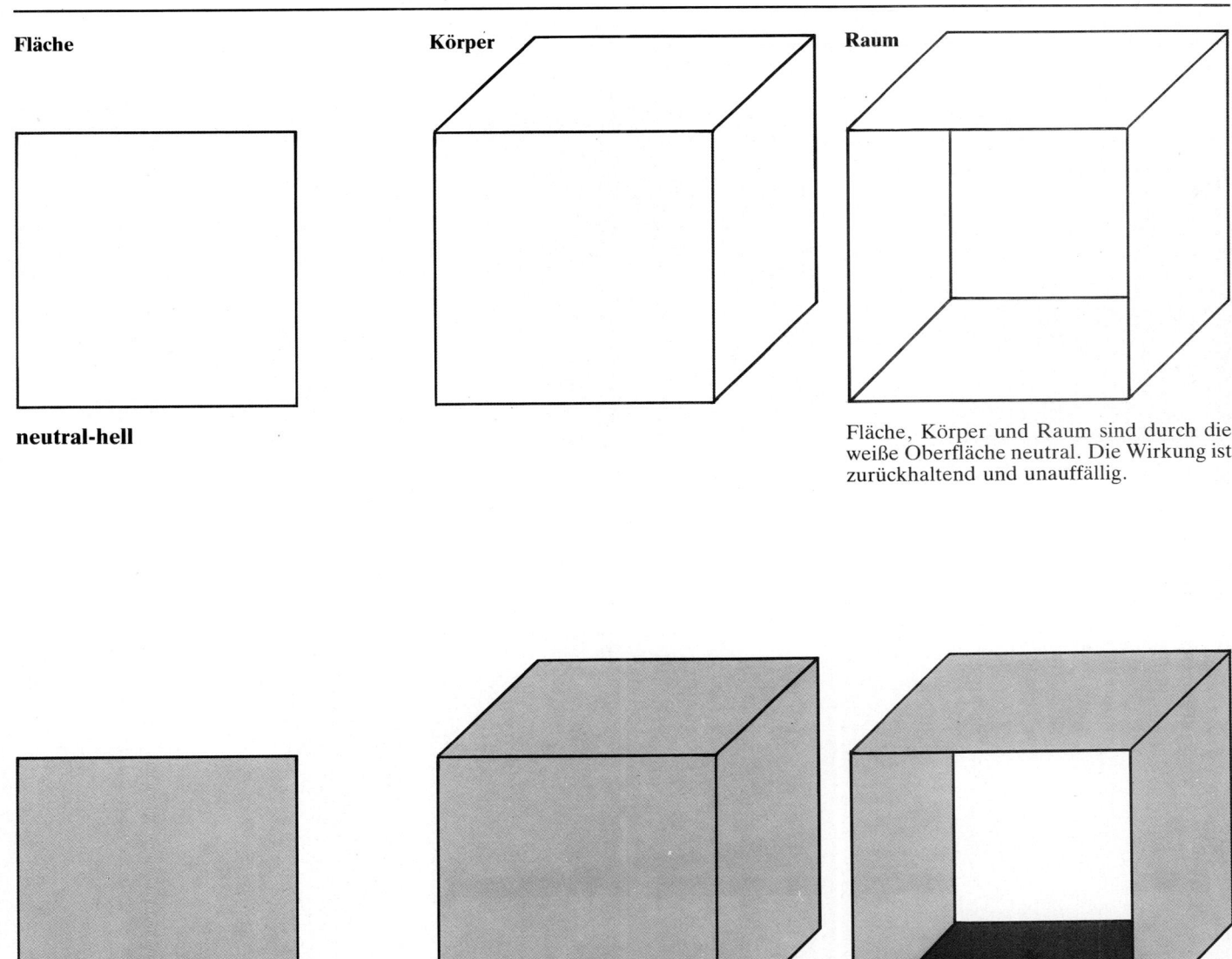

Fläche — **Körper** — **Raum**

neutral-hell

Fläche, Körper und Raum sind durch die weiße Oberfläche neutral. Die Wirkung ist zurückhaltend und unauffällig.

neutral – mittlere Tonwertigkeit

Durch die hellgraue Tönung werden Fläche, Körper und Raum in ihrer Form mehr hervorgehoben; sie wirken stabil und statisch.

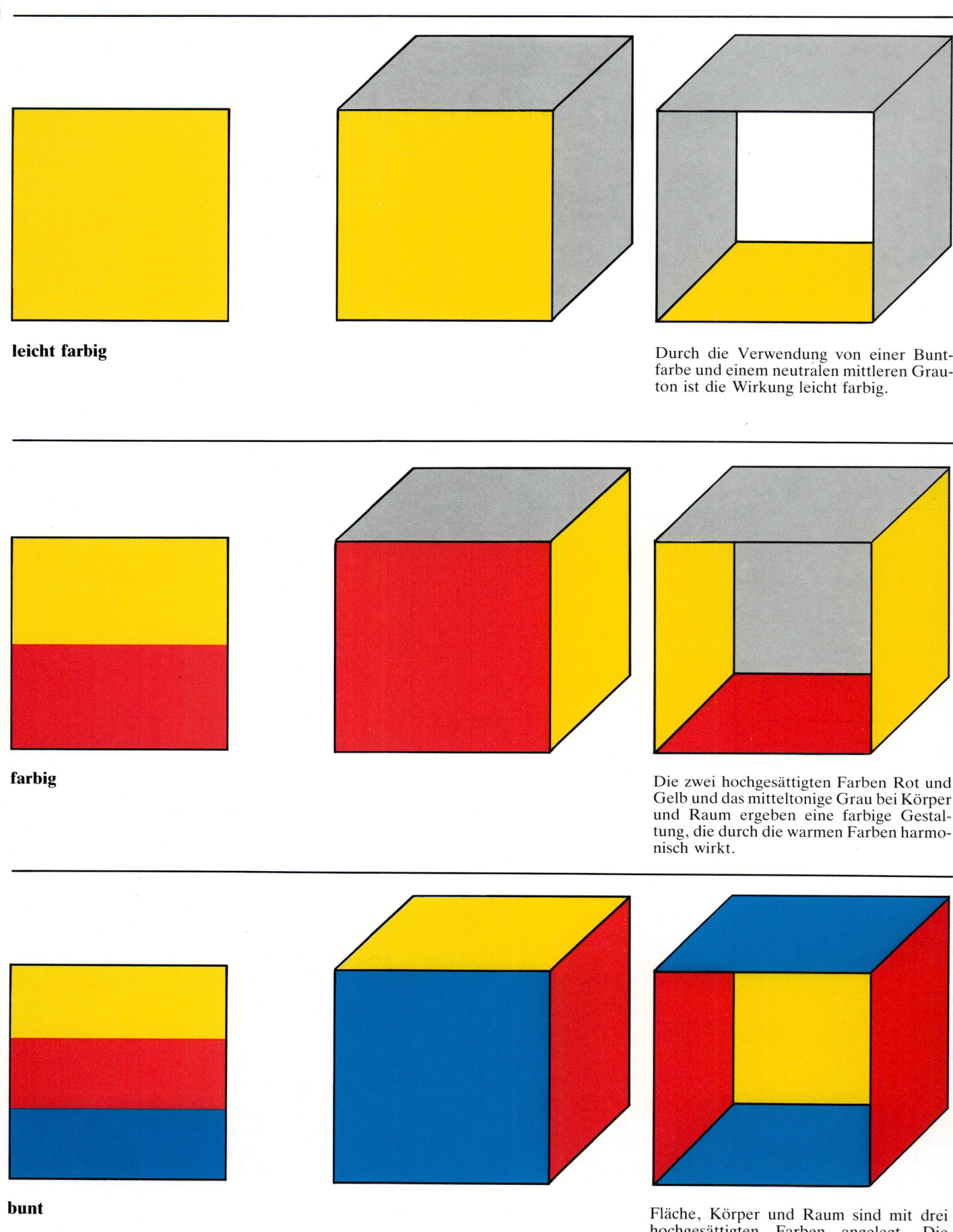

leicht farbig

Durch die Verwendung von einer Buntfarbe und einem neutralen mittleren Grauton ist die Wirkung leicht farbig.

farbig

Die zwei hochgesättigten Farben Rot und Gelb und das mitteltonige Grau bei Körper und Raum ergeben eine farbige Gestaltung, die durch die warmen Farben harmonisch wirkt.

bunt

Fläche, Körper und Raum sind mit drei hochgesättigten Farben angelegt. Die bunte, überladene Farbigkeit wirkt laut und dekorativ.

Beim Hell-Dunkel-Kontrast wurde festgestellt, daß eine weiße Fläche auf schwarzem Grund größer wirkt als eine gleichgroße schwarze Fläche auf weißem Grund. Die weiße Fläche überstrahlt die Begrenzung, während sich die schwarze Fläche zusammenzieht. Außerdem bewirkt eine weiße Fläche auf schwarzem Untergrund, daß sie hinter dem Schwarz zurücktritt, eine schwarze Fläche auf einem weißen Untergrund, daß das Schwarz vor dem Weiß steht. Diese Vorgänge sind auch bei farbigen Flächen festzustellen. Die Intensität richtet sich nach der Helligkeit der Farbe, wie folgende Beispiele zeigen:

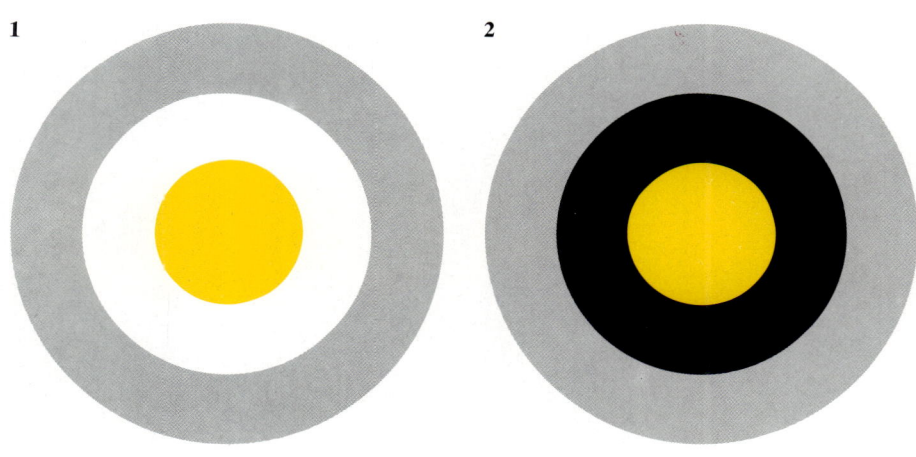

1 + 2 Diese Abbildungen zeigen eine gelbe Kreisfläche auf weißem und schwarzem Grund. Gelb auf Weiß ist in der Wirkung dezent, zart und fein. Auf dem schwarzen Untergrund wirkt Gelb hell und leuchtend. Es steigert sich zur größten Helligkeit, wird kalt, aufdringlich und aggressiv.
Das gleiche Gelb wird auf weißem Grund als dunkel, auf schwarzem Grund als hell bezeichnet. Eine Farbe ist immer in bezug zu ihrer Umgebung zu sehen und zu bewerten. Sie ist abhängig von ihrer Umgebung – sie ist relativ.

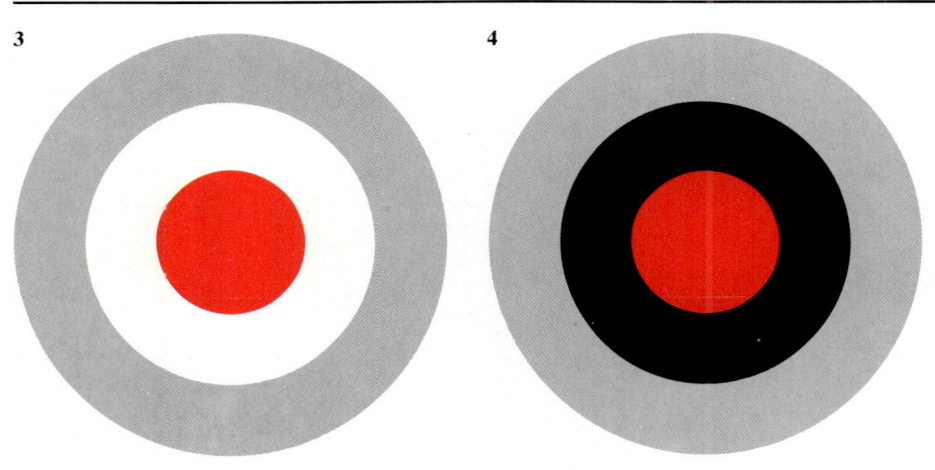

3 + 4 Eine rote Kreisfläche auf Weiß und Schwarz. Rot auf Weiß wirkt kräftig und dunkel, dasselbe Rot auf Schwarz leuchtend, strahlend und mit tiefem, samtigem Charakter.

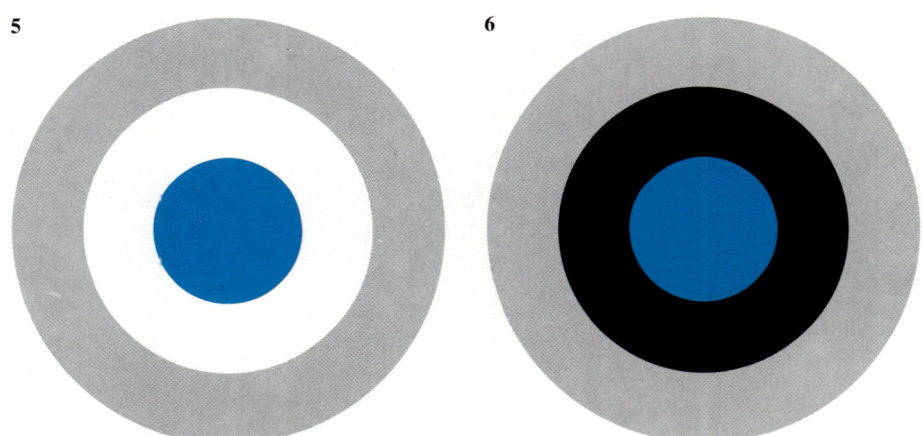

5 + 6 Eine blaue Kreisfläche auf Weiß und Schwarz. Das Blau steht auf Weiß dunkel und kräftig. Der umgebende weiße Kreisring wirkt heller als bei Abb. 1. Weiß wird durch Blau in seiner Wertigkeit gesteigert. Diese Feststellung wurde schon im Hell-Dunkel-Kontrast aufgezeigt. Auf Schwarz bekommt Blau einen hellen Charakter und wirkt leuchtend.

In den folgenden sechs Anwendungsbeispielen wird aufgezeigt, wie eine Farbe in ihrer Wirkung von der Umgebung abhängig ist:

1 Der geringe Hell-Dunkel-Kontrast bewirkt, daß ein spontanes und schnelles Wahrnehmen des Textes nicht möglich ist.

2 Durch das Schwarz des Schriftträgers und das Gelb des Textes entsteht ein Negativbild. Der starke Hell-Dunkel-Kontrast ermöglicht ein schnelles Wahrnehmen des Textes.

3 Gute und spontane Lesbarkeit des Textes ist gegeben. Die Aussage ist klar, eindeutig und Aufmerksamkeit erweckend.

4 Das in seiner Wirkung auf schwarzem Grund leuchtend und strahlend wirkende Rot ist durch den geringen Hell-Dunkel-Kontrast zwar interessant, aber schwer lesbar.

5 Der neutrale weiße Untergrund und das Blau des Textes sind ein klassisches Beispiel für gute Lesbarkeit. Diese Farbkombination wird deshalb häufig für Information und Werbung verwendet.

6 Der geringe Kontrast zwischen Untergrund und Text bewirkt ein tiefes Leuchten der blauen Farbe, läßt aber die Buchstabenformen verschwimmen. Die spontane Lesbarkeit wird im Vergleich zu Abb. 5 schwieriger.

3.2. Farbe – Innenraum

Definition Innenraum

Der Raum ist ein von innen betrachtetes Flächengebilde und besteht aus einer, mehreren oder vielen Flächen. Ein Raum dehnt sich nach allen Richtungen aus. Er hat drei Dimensionen: Länge, Breite und Höhe.

Optische Raumveränderung durch Tonwert und Farbe

Der hier dargestellte kubische Raum wird von Decken-, Wand- und Bodenflächen begrenzt. Die Funktionen der Raumbegrenzungsflächen stehen im Zusammenhang mit statischen Kräften. Die Decke schließt mit ihrer Fläche den Raum nach oben ab. Sie erscheint uns als Waagerechte und lastender Teil. Die Wände tragen die Decke und schließen den Raum seitlich ab. Sie erscheinen als Senkrechte und tragender Teil. Der Fußboden schließt den Raum nach unten ab. Er erscheint als Waagerechte und tragender Teil. Für den Menschen bedeutet er Lauffläche, für die Einrichtung Standfläche (siehe Abbildung).
In den folgenden Beispielen soll aufgezeigt werden, wie die Funktionen der einzelnen Flächen durch die optische Wirkung von Tonwert und Farbe unterstützt, verändert oder aufgehoben werden können. Diese elementaren Begriffe und Erkenntnisse sind Voraussetzung für die Lösung von Farbgestaltungsaufgaben im Innenraum.

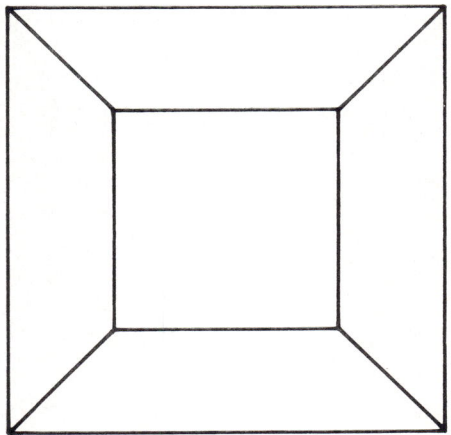
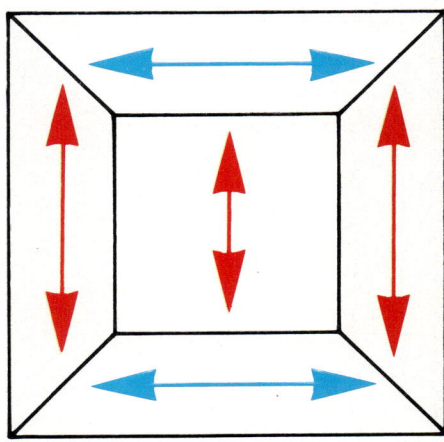

Durch den dunklen Fußboden bekommt der Raum Halt und Festigkeit. Wand- und Deckenflächen wirken offen und leicht. Der Bewegungsablauf geht von unten nach oben und von vorne nach hinten.

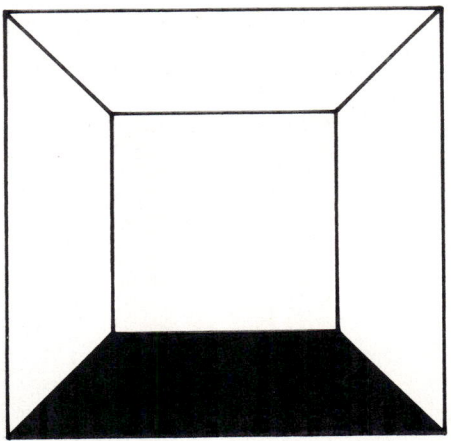
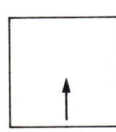
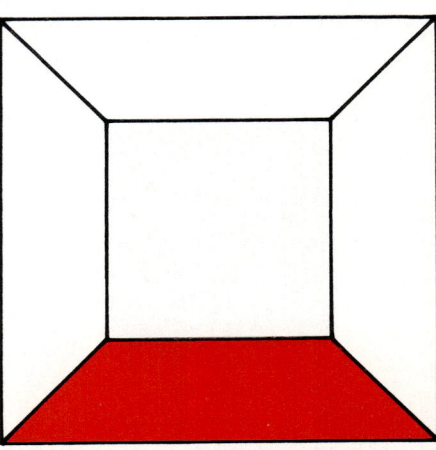

Die dunkle Deckenfläche wirkt schwer und lastend.

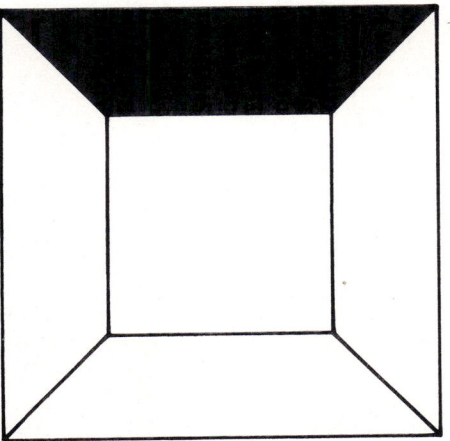
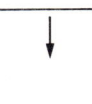
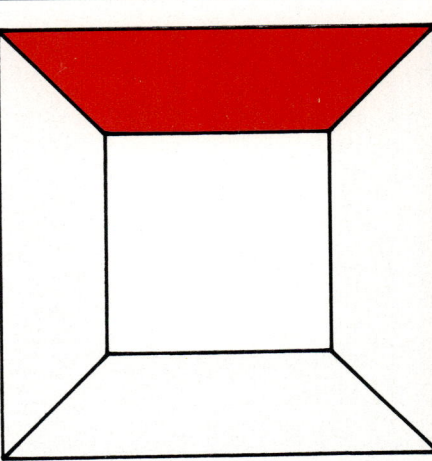

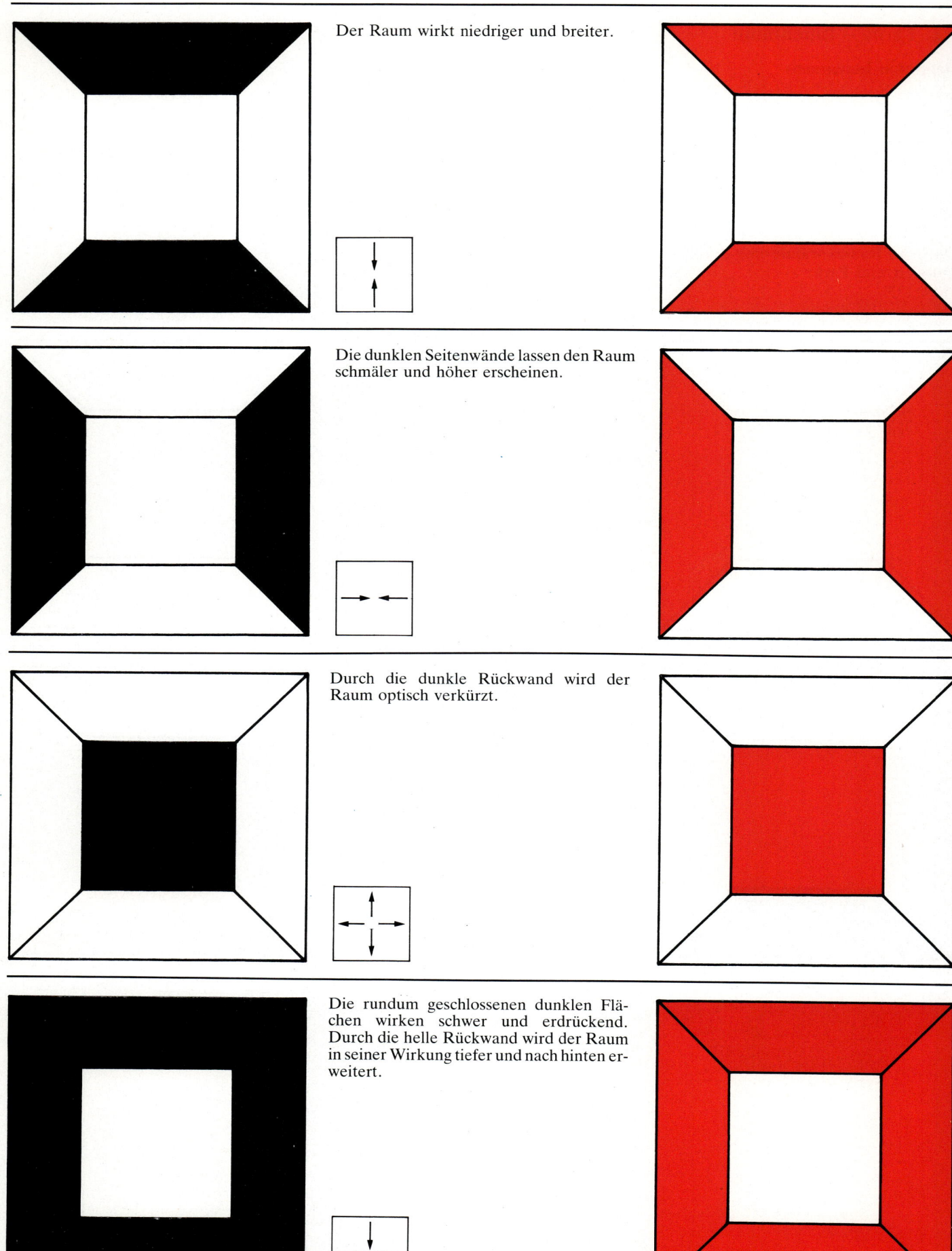

Dunkler Fußboden und dunkle Wände bewirken eine Verengung des Raums. Es entsteht eine Kellerwirkung, da Helligkeit nur oben vorhanden ist.

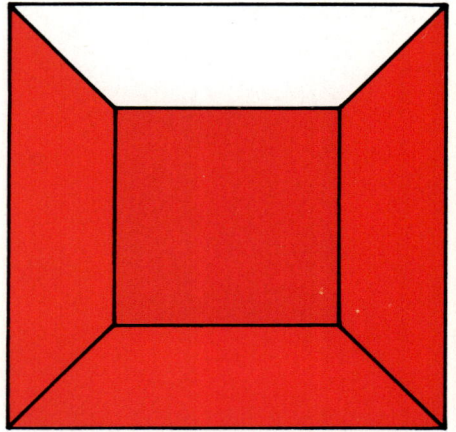

Heller Fußboden und helle Rückwand geben dem Raum keinen Halt. Durch die optische Schwere von Decke und Seitenwänden entsteht eine erdrückende Tunnelwirkung.

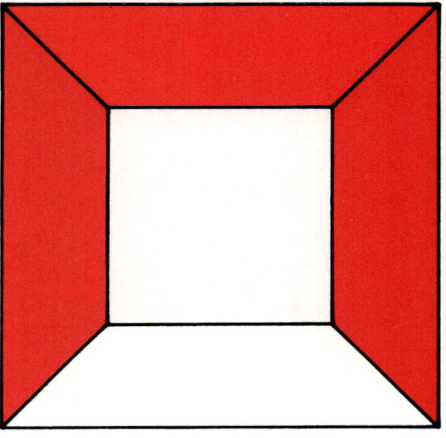

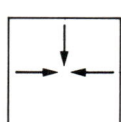

Der dunkle Tonwert von Fußboden und Rückwand verkürzt den Raum. Das Gewicht wird nach unten verlagert.

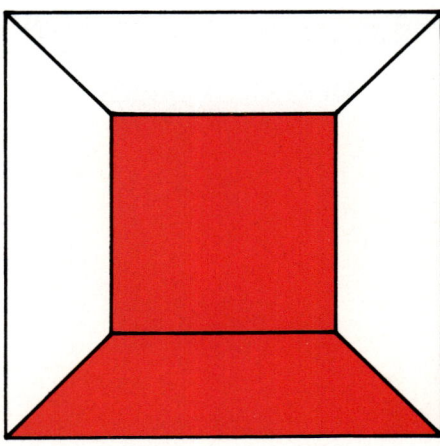

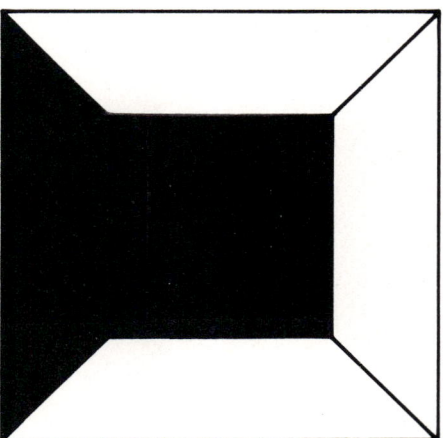

Durch die ungleiche Helligkeit der linken und der rechten Wand entstehen ungleiche Werte. Die Wirkung ist asymmetrisch-einseitig.

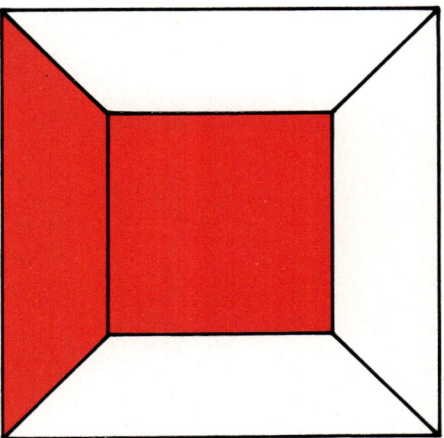

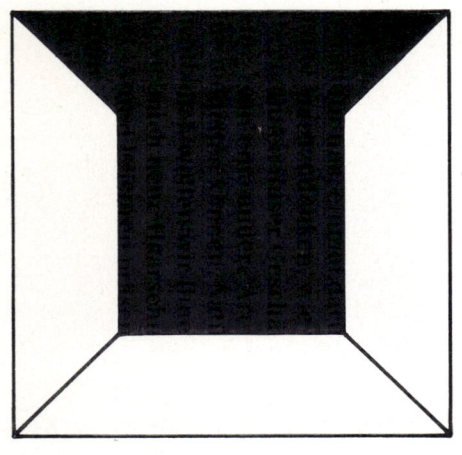

Der Raum hat keinen Halt, weil Fußboden und Seitenwände offen sind. Die dunkle Decke und Rückwand verstärken dies und lassen den Raum zusätzlich kürzer und niedriger wirken.

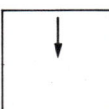

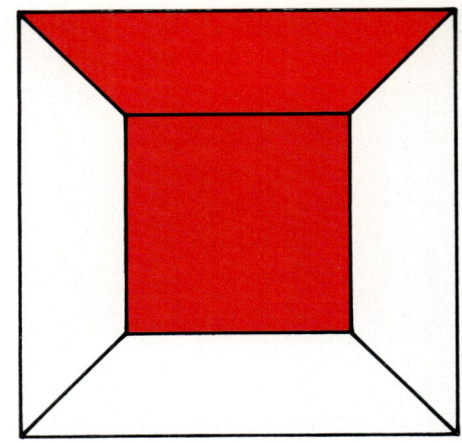

Dunkle Wände ergeben eine waagerechte Betonung. Der Raum wirkt breiter.

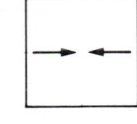

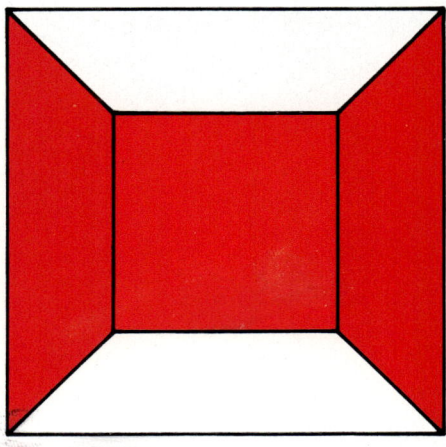

Die senkrechte Betonung läßt den Raum höher wirken.

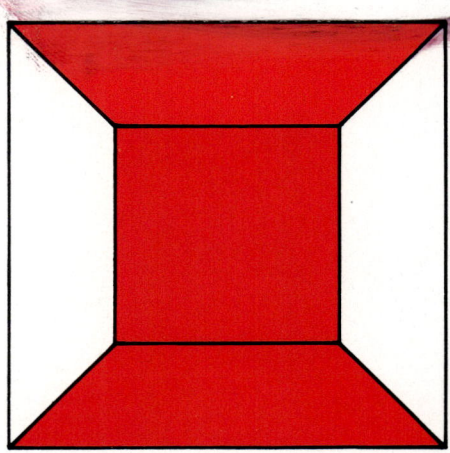

Gleichmäßig dunkle Tönung aller Flächen läßt die Raumgrenzen kaum noch erkennen.

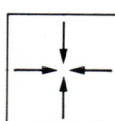

Bewegungsablauf durch Tonwert und Farbe

Die Funktionen der einzelnen Flächen des Raums können durch die optische Wirkung von Tonwert und Farbe unterstützt, verändert oder aufgehoben werden. Weiterhin ist es möglich, durch Tonwert und Farbe Bewegungsabläufe zu schaffen, die Raumwirkung und Blickführung beeinflussen. Es sind Rangordnungen, die mit der an den Raum gestellten Aufgabe abgestimmt sein sollten.

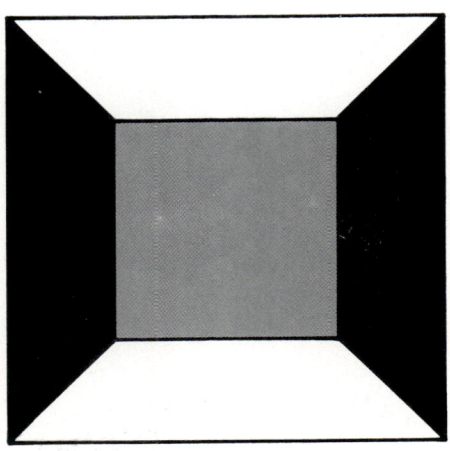

Durch die dunklen Seitenwände entsteht eine einachsige Symmetrie, eine Betonung zur Mitte im Ablauf von vorne nach hinten. Bei den Beispielen mit den tertiären Farbtönen ist die Wirkung etwas geringer.

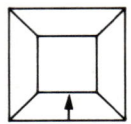 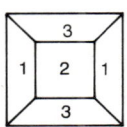

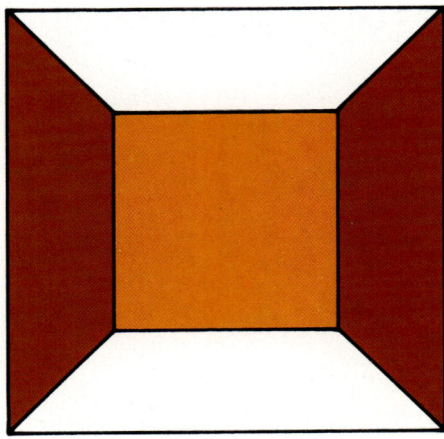

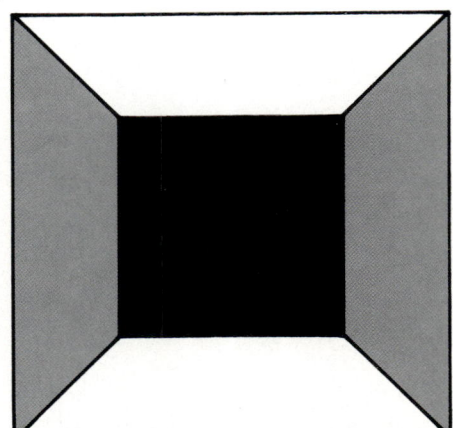

Die dunkle Rückwand bewirkt einen Ablauf von der Mitte ausgehend nach rechts und links.

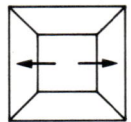 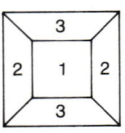

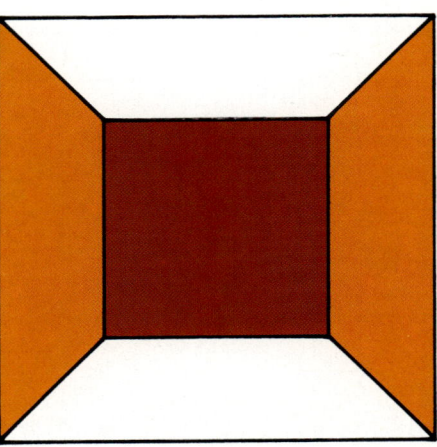

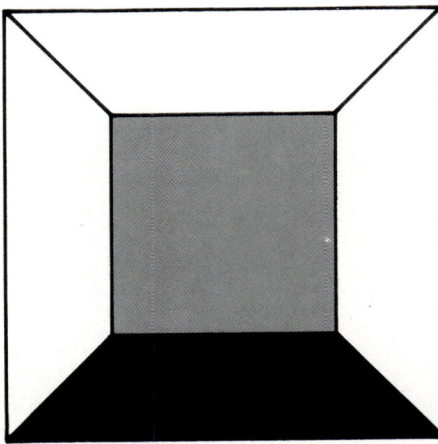

Der dunkle Fußboden führt den Bewegungsablauf von vorne nach hinten und zugleich von unten nach oben.

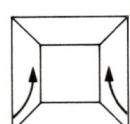 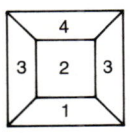

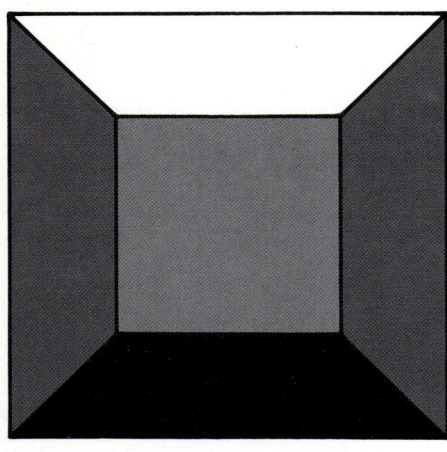

Die folgenden Beispiele zeigen verschiedene Konstellationen von Bewegungsablauf und Rangordnung. Hierbei stellt man fest, daß die Wirkung beim Tonwert geringer ist als bei der Farbe.
Einachsige Symmetrie von unten nach oben und von vorne nach hinten.

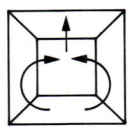 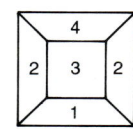

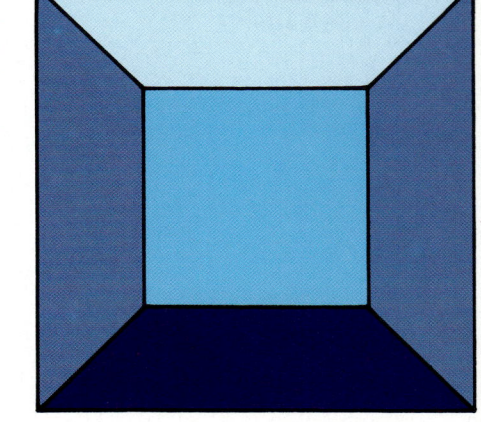

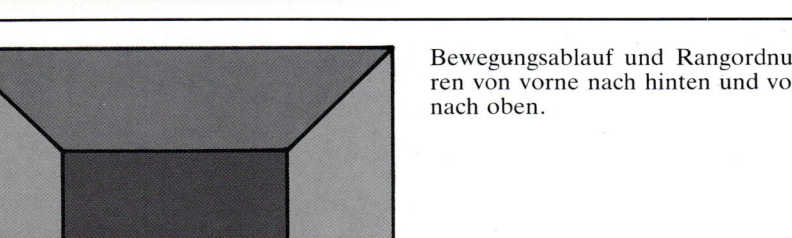

Bewegungsablauf und Rangordnung führen von vorne nach hinten und von unten nach oben.

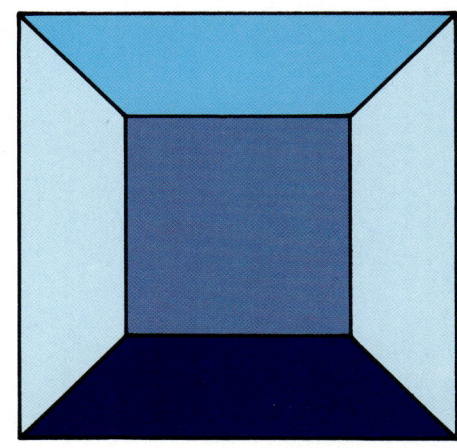

Der dunkle Fußboden besitzt den ersten Rang; der Ablauf erfolgt nach links in einer Kreisbewegung zur Decke und über die rechte Wand zurück zum Fußboden.

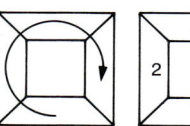

Ausgehend von der dunklen Rückwand, geht die Blickfolge zum Fußboden und gleichzeitig nach rechts und links über die Seitenwände zur Decke.

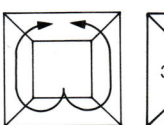 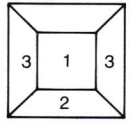

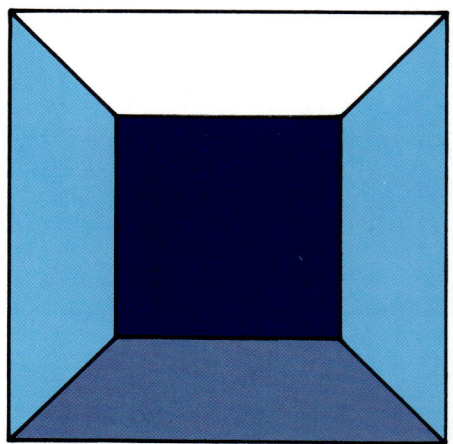

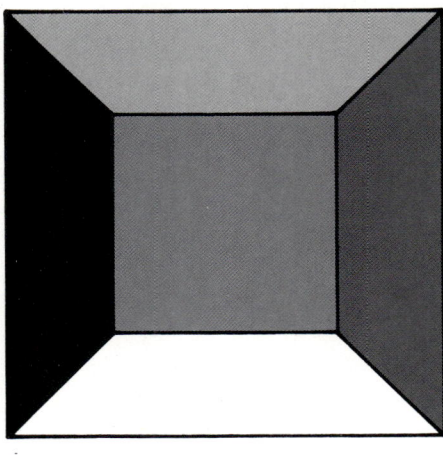

Die Blickführung geht sprunghaft von der linken zur rechten Seitenwand, weiter zur Rückwand und Decke. Der helle Fußboden nimmt dem Raum die Stabilität; der Ablauf ist gestört.

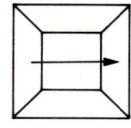 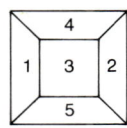

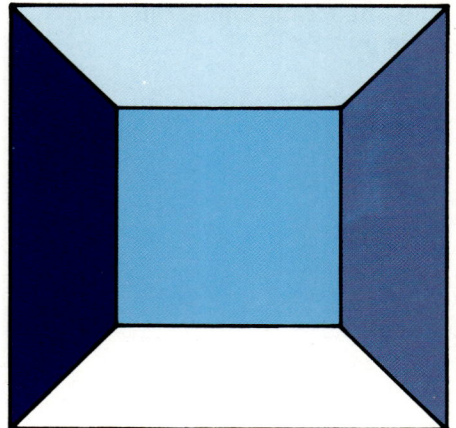

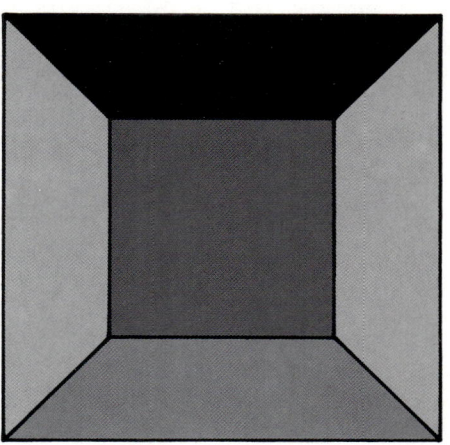

Der Bewegungsablauf führt von der Decke über Rückwand und Fußboden zu den beiden Seitenwänden.

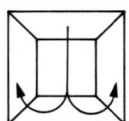 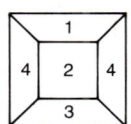

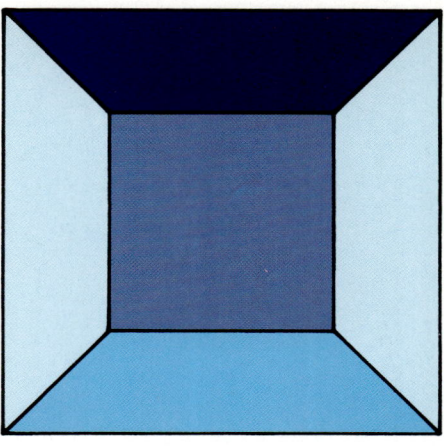

Durch die gleiche Intensität von Decke und Fußboden entsteht eine Blickführung zur Mitte, von der Mitte aus ein gleichzeitiges Auflösen nach rechts und links.

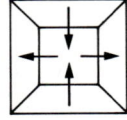 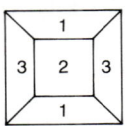

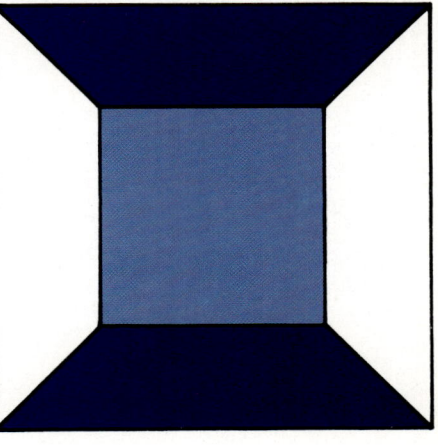

Der Blick führt von den dunklen Seitenwänden nach unten zum Fußboden, weiter zur Rückwand und zur Decke.

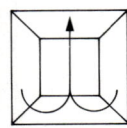 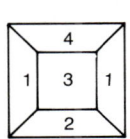

Optische Raumveränderung durch Form und Farbe

Die Form besitzt eine äußere und innere Gestalt, man spricht deshalb bei einer Form auch immer von einer Gegenform. Eine Form entsteht durch die elementaren Gestaltungsmittel Punkt, Linie, Fläche, Körper oder Raum. Außerdem wird sie durch ihre Begrenzung, Qualität, Quantität und Verwirklichung bestimmt. Dieser vielfältige und unerschöpfliche Reichtum, gekoppelt mit Farbe, ermöglicht es, einen Raum optisch zu verändern. Die folgenden Beispiele zeigen, wie sich ein Raum durch Form und Farbe optisch verändern kann.

1 Die mit senkrechten Linien gegliederte Rückwand bewirkt einen Richtungsverlauf von unten nach oben, den man als aufstrebend und aktiv bezeichnen kann.

2 Die senkrecht betonte Flächengliederung, in einem intensiven Hell-Dunkel-Kontrast angelegt, ergibt eine Steigerung der optischen Wirkung von Abb. 1.

3 Durch das Hinzufügen einer reinen, hochgesättigten Farbe wird die Rückwand im Vergleich zu Abb. 1 und 2 noch stärker betont.

4 Zwei Buntfarben in einer Farbrichtung geben einen modischen und aktiven Akzent. Durch den dunklen Fußboden wird Festigkeit und Stabilität erzielt. Das neutrale Grau von Decke und Wänden rundet den Raum ab und unterstützt die Leuchtkraft und Intensität der farbigen Rückwand.

5 Durch die Ton-in-Ton-Gestaltung des Raums tritt eine Beruhigung der Raumwirkung im Vergleich zu Abb. 3 und 4 ein.

6 Seitenwände und Rückwand in einer senkrecht betonten Flächengliederung lassen den Raum optisch höher und zugleich beengender wirken.

7–12 Durch die waagerechte Gliederung wird die Horizontale betont. Gegenüber der senkrechten und diagonalen Gliederung strahlt diese Ruhe und Gelassenheit aus.

13–18 Die Diagonale ist fortschreitend. Sie steigt und fällt und bringt dadurch Bewegung mit sich. Die Bewegung verläuft von links unten nach rechts oben und hat eine lebendige, dynamische Wirkung. Der aus senkrechten und waagerechten Flächen zusammengesetzte Raum wird in Abb. 18 durch das diagonale Gliedern von mehreren Wandflächen in seinem Gefüge zerstört.

1 Die Kombination von senkrechten und waagerechten Linien hebt eine Richtungsbetonung auf. Die Fläche wirkt vergittert und aufgerastert.

2–6 Durch das wechselseitige Auslegen der Flächen im Hell-Dunkel-Kontrast oder mit Farbe entsteht eine Schachbrettgliederung, wobei in der optischen Wirkung die dunklen vor den hellen Flächen stehen. In Abb. 6 sind die einzelnen Wände durch die Aufrasterung in ihrer Grundfunktion aufgelöst und wirken durch den intensiven Hell-Dunkel-Kontrast übertrieben und unruhig.

7–12 Durch die symmetrische Anordnung der Diagonalen wird die Mitte betont. Die aktive und dynamische Wirkung neigt zum Dekorativen. Bei Abb. 12 wurde Gelb mit Weiß kombiniert. Dadurch verringert sich der Hell-Dunkel-Kontrast in seiner Intensität und läßt den Raum trotz der starken dynamischen Gliederung ruhiger wirken als in Abb. 6.

13 Kreisformen sind in gleicher Größe aneinandergereiht. Die runden Linien werden im Vergleich zu senkrechten, waagerechten und diagonalen als weich und ausgewogen empfunden.

14–18 Die Kreisformen sind mit einem Tonwert oder einer Farbe ausgelegt. In der optischen Wirkung stehen die dunklen vor den hellen Flächen.

83

Raumanalyse

Um einen Raum farblich zu gestalten, muß man sich zuerst einmal mit ihm vertraut machen. Der Raum ist zu analysieren, und diese Analyse gilt als Leitfaden für die farbige Gestaltung.
Die wesentlichen Punkte einer Raumanalyse sind:

• Raumgröße	Ausdehnung, Verhältnis zum Menschen
• Raumform	Zentralraum, langgestreckter Raum, Vielgestaltraum, rund, eckig, offen, geschlossen
• Raumproportionen	Verhältnis der Ausdehnung
• Raumrichtung	in bezug zum Standpunkt
• Raumgrenzen	Boden, Wände, Decke
• Raumbelichtung	Tageslicht
• Raumbeleuchtung	Kunstlicht
• Raumeinrichtung Raumausstattung	Möbel, Material, Werkstoffe
• Raumfunktion	Verwendungszweck z. B. Wohnen, Schlafen, Arbeiten
• Raumbenützer	z. B. Kinder, Erwachsene, Familie, Gäste Wünsche des Bewohners z. B. gemütlich, zweckmäßig, repräsentativ
• Raumverbindung	mit anderen Räumen
• Raumakustik	Nachhallzeit
• Raumluft	Luftwechsel, Temperatur, Geruch
• Raumerschließung	Wegführung im Raum

Tonwert – Raum

Die folgenden Beispiele verdeutlichen anhand eines Wohnraums, wie Tonwerte die Raumgestaltung beeinflussen. Die rechts neben dem Raum dargestellte Hell-Dunkel-Skala zeigt auf, in welcher Tonwertigkeit der Raum ausgeführt wurde.

1 Alle Flächen des Raums sind weiß oder leicht gebrochen. Dies bewirkt, daß der Raum durch Licht und Schatten lebt. Die Flächen sind fließend und weich begrenzt.

2 Durch die vier Helligkeitsstufen entsteht eine leichte Tonwertigkeit. Der Fußboden mit der dunkelsten Tönung gibt dem Raum Festigkeit und einen gewissen Halt. Die nach oben vorhandene Helligkeit öffnet und weitet den Raum.

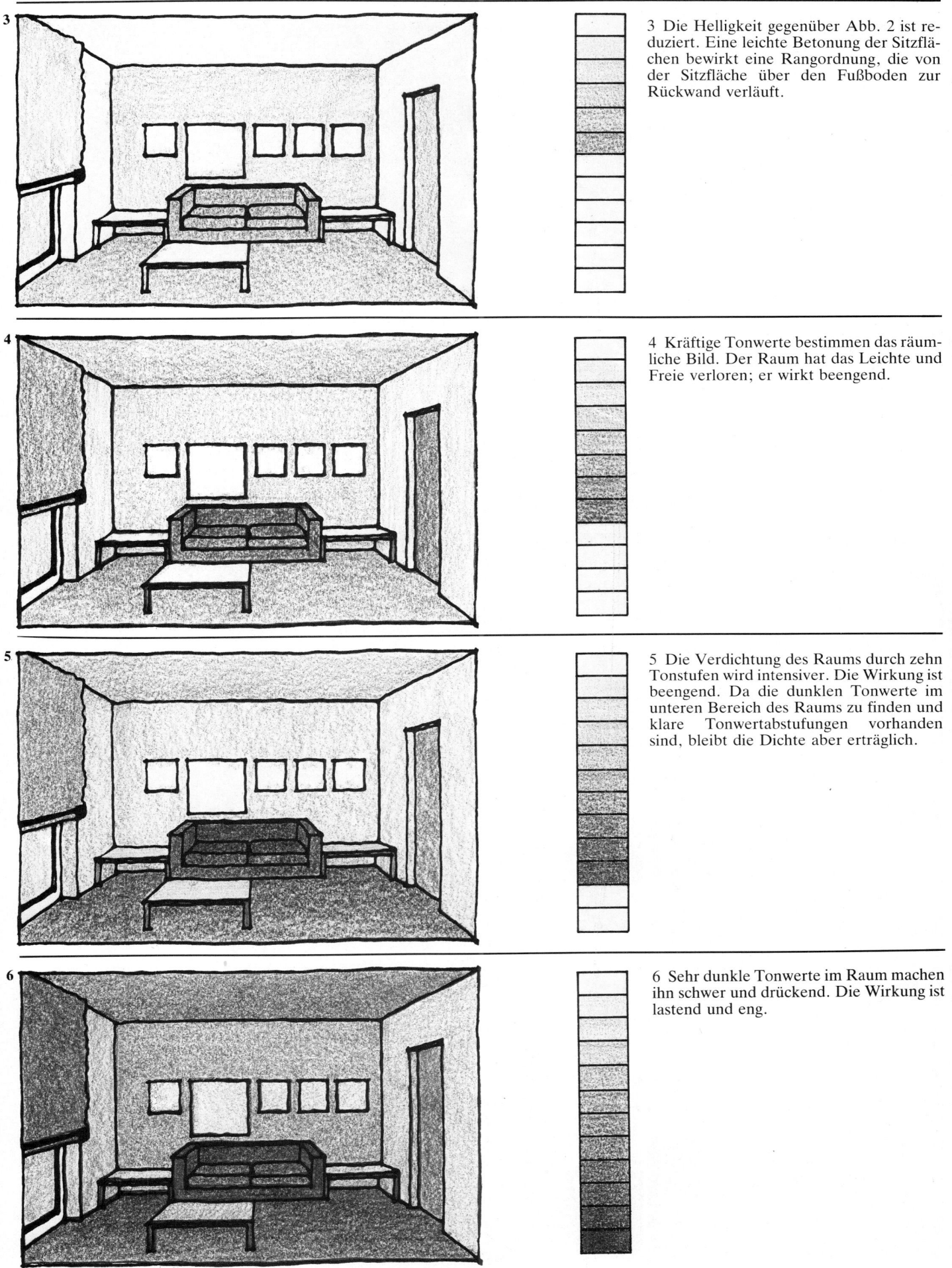

3 Die Helligkeit gegenüber Abb. 2 ist reduziert. Eine leichte Betonung der Sitzflächen bewirkt eine Rangordnung, die von der Sitzfläche über den Fußboden zur Rückwand verläuft.

4 Kräftige Tonwerte bestimmen das räumliche Bild. Der Raum hat das Leichte und Freie verloren; er wirkt beengend.

5 Die Verdichtung des Raums durch zehn Tonstufen wird intensiver. Die Wirkung ist beengend. Da die dunklen Tonwerte im unteren Bereich des Raums zu finden und klare Tonwertabstufungen vorhanden sind, bleibt die Dichte aber erträglich.

6 Sehr dunkle Tonwerte im Raum machen ihn schwer und drückend. Die Wirkung ist lastend und eng.

Farbdichte

Nachdem bereits Beispiele über die Beeinflussung des Raums durch Tonwerte (hell-dunkel) aufgezeigt wurden, soll im folgenden demonstriert werden, wie ein Raum durch Farbe beeinflußt und verändert werden kann. Zur Helligkeit kommen nun Farbton und Sättigung hinzu. Ihre Wirkung auf den Menschen ist zwar unterschiedlich intensiv, aber nach allgemeinen Grundregeln doch ähnlich.

1 Da fast alle Flächen des Raums weiß sind, wirkt dieser groß und weit. Als einzige Farbe ist ein Braun vorhanden, das durch seine Neutralität eine gewisse Festigkeit und Stabilität andeutet. Der weiße Fußboden hebt diese Eigenschaften jedoch teilweise wieder auf.

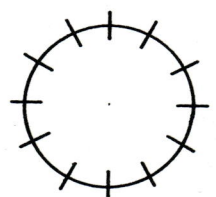

Die in den Abbildungen verwendeten Farben des 12teiligen Farbtonkreises sind neben jeder Zeichnung angegeben, um den systematischen Ablauf zu verdeutlichen.

2 Ein farbiger Akzent wird in die Mitte des Raums gesetzt. Der blaue Farbton des Sitzmöbels dominiert, die weißen, grauen und braunen Flächen ordnen sich unter. Der Fußboden, in einem mitteltonigen Grau ausgeführt, gibt dem Raum Halt und Stabilität.

3 Eine zweite hochgesättigte Farbe, die Komplementärfarbe zu Blau, bewirkt einen Bewegungsablauf von der Mitte nach links. Der Raum wirkt im Vergleich zu Abb. 2 eingeengter.

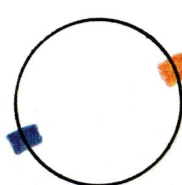

 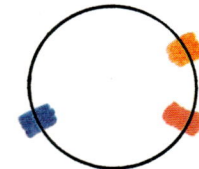

4 Die Veränderung des neutralen, grauen Fußbodens durch ein hochgesättigtes Rot läßt den Raum in seiner Wirkung aufdringlich erscheinen. Ein leichter Ansatz von zuviel Farbe ist spürbar.

 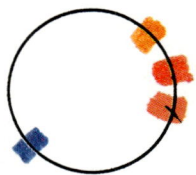

5 Durch die Zugabe von Rotorange an der Rückwand des Raums und durch das neutrale Schwarz der Decke wird der Raum in Tiefe und Höhe verkürzt. Die farbigen Flächenanteile und die Anzahl der verwendeten Farben verdichten und beengen den Raum. Ein eindeutiges Übergewicht an warmen Farben ist festzustellen.

 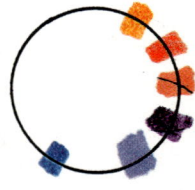

6 Rotviolett und Violett als weitere Zugabe beengen den Raum noch stärker. Der Raum ist farbig überladen und wirkt erdrückend. Helle und neutrale Flächen sind zuwenig vorhanden, um Ausgleich und Beruhigung zu schaffen.

7 Der Gesamteindruck ist bunt und zuviel Farbe. Die Farbe bezieht sich nicht auf die gegebene Raumsituation. Die Sitzgruppeneinheit ist zerstört, da der Tisch keine Verbindung mehr zu den übrigen Möbeln herstellt. Auch die Bildwand hat ihre Einheit verloren.

Farbempfindung

Eine Farbe ist abhängig von der Umgebung und daher nie für sich alleine zu sehen. Erst in der Komposition mit anderen Farben entfaltet sie ihre Wirkung; die Ausdruckskraft wird gesteigert, gemildert oder ergänzt. Der gewünschte Ausdruck eines Raums entsteht deshalb durch Kombinieren von Farben zueinander.

Jeder Mensch empfindet und fühlt Farbe anders. Eine Farbe erzeugt Stimmungen (Gefühle); diese können beruhigend, anregend, verhaltend, erregend, freudig, mystisch, entmutigend sein. Das Gestalten eines Raums mit Farbe muß deshalb mit Bedacht geplant werden. Die Wissenschaft der Farbpsychologie setzt sich mit diesen Zusammenhängen auseinander.

1 Gelb, die hellste Farbe, wirkt strahlend und freundlich. Es verkörpert das Licht und hat das Wesen des Warmen, Nahen und Strahlenden. Gelb erzeugt ein heiteres Lebensgefühl. Raumgrenzen werden ausgeweitet, und das einfallende Tageslicht schafft Freundlichkeit und Nähe. Von einem gut gewählten gelben Wandton heben sich alle anderen Farben (Möbel, Bilder, Textilien usw.) harmonisch und ansprechend ab.

2 Die Sekundärfarbe Orange, die aus Gelb und Rot zu mischen ist, vermittelt Lebhaftigkeit und Bewegung. Orange strahlt Wärme und Nähe aus und wirkt stimulierend bis aufreizend. Da große Mengenanteile und Farbintensität den Raum überladen, sollte das richtige Verhältnis von Flächengröße und Farbintensität beachtet werden.

3 Rot ist anregend und drängt sich nach vorne. Je nach Intensität und Zusammenhang mit den Nachbarfarben wirkt es erwärmend oder bedrängend. Rot verkörpert Nähe und Selbstbewußtsein. Der kraftvolle Ausdruck, der durch Rot erzielbar ist, ermöglicht effektvolle Farbakzente, die in der Kombination mit Weiß und Gold prachtvoll und erhaben empfunden werden.

4 Violett, die dunkelste Farbe des Farbtonkreises, wirkt schwer und mystisch. Die Schwere und Kühle des Violett wird bei der Abbildung durch die aufgehellten Seitenwände und die Decke freundlicher. Das Gestalten mit Violett im Innenraum bedarf großer Erfahrung. Es ist empfehlenswert, Violett nicht dominieren zu lassen, sondern mit dieser Farbe Akzente zu setzen.

5 Blau wirkt kalt und kühl, und man empfindet Weite und Ferne. Der Raum erscheint eng und verhalten.

6 Grün wirkt beruhigend und ausgeglichen. Die Kühle, die durch das Grün empfunden wird, ist angenehm und frisch. Man fühlt dabei Natur (Wald, Wiesen, Felder usw.).

7 Grau, die neutralste Farbe, entsteht durch die Mischung aus Schwarz und Weiß. Die Grautonskala ist vielschichtig. Durch eine geringe Beimischung von Primär-, Sekundär- oder Tertiärfarben ergibt sich eine breite Palette von Grautönen, die in ihren Nuancen bei jeder Farbgestaltung im Innenraum als Ausgleich notwendig und empfehlenswert ist. Für sich allein wirkt Grau ausdruckslos, zurückhaltend, entmutigend und langweilig.

Wand – Raum

Die Wand ist Trennung und Verbindung zugleich. Wände begrenzen den Raum. Sie treten somit im Innen- und Außenbereich auf. Die Wirkung einer Wand kann sehr unterschiedlich und vorwiegend von folgenden Faktoren abhängig sein:
- Wandform – Architektur
- Wandausdehnung – Proportionen
- Oberfläche – Material
- Farbe – optische Erscheinung

Bei der Behandlung der Wandoberfläche ist darauf zu achten, daß die an sie gestellte Aufgabe erfüllt wird; diese ergibt sich aus der jeweiligen Situation.

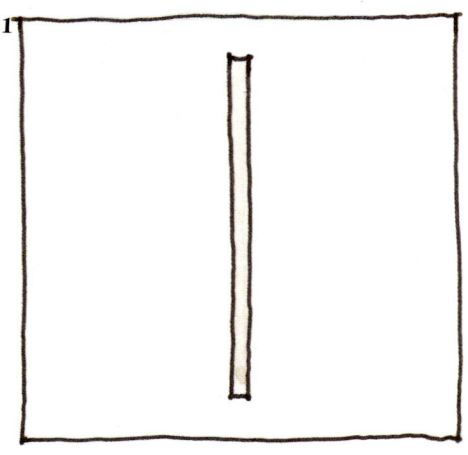
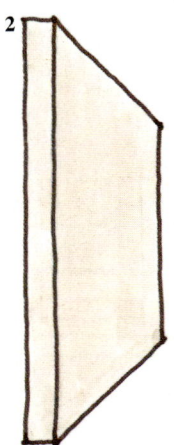

1 + 2 Die freistehende Wand, wie sie in Ausstellungen, Gartenanlagen, aber auch in Bauwerken aller Art vorkommt, besitzt den Anspruch der Einheitlichkeit von Statik und Oberfläche. Die Behandlung ist deshalb beidseitig gleich zu halten. Da die Oberfläche die Ganzheit der Wand verkörpert, sollen auch Material und Farbe allseitig gleich sein.

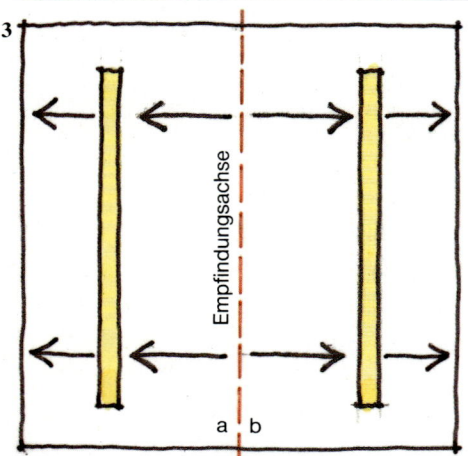
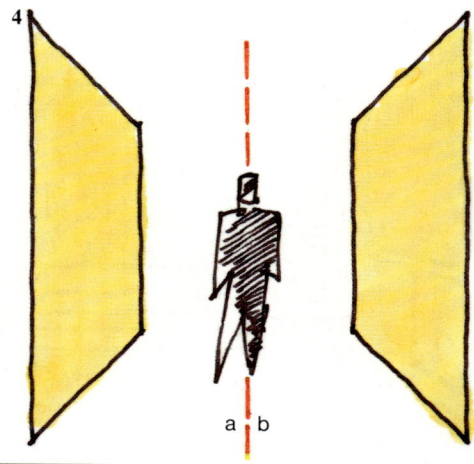

3 + 4 Die Wand in ihrem Erscheinungsbild der Oberfläche wirkt auf den Menschen und erzeugt eine bewußte oder unbewußte Empfindung. Man unterscheidet im Bewegungsablauf die Raumachse (reale Achse a) und die Empfindungsachse (sensitive Achse b).
Im Grundriß und in der räumlichen Darstellung werden zwei Wände aufgezeigt. Beide Wandoberflächen sind in einem hellen gleichbehandelten Farbton ausgeführt und lassen deshalb auch im Menschen ein gleichwertiges Empfinden entstehen. Raumachse a und Empfindungsachse b sind identisch und haben deshalb denselben Abstand.

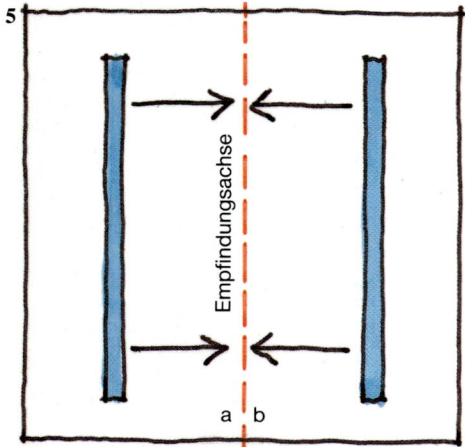
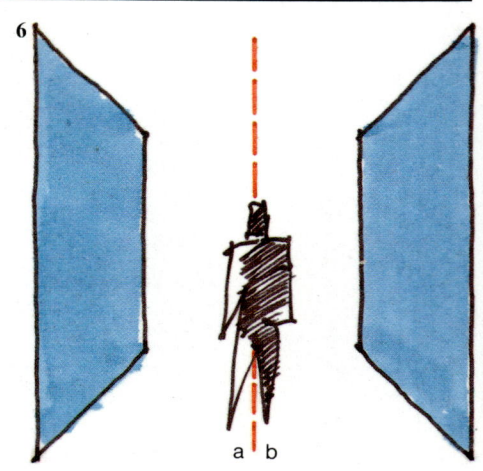

5 + 6 Durch die dunklen Wände tritt eine optische Veränderung gegenüber den Abb. 3 + 4 ein. Beide Wände erscheinen gleich, d. h. Raum- und Empfindungsachse stimmen überein.

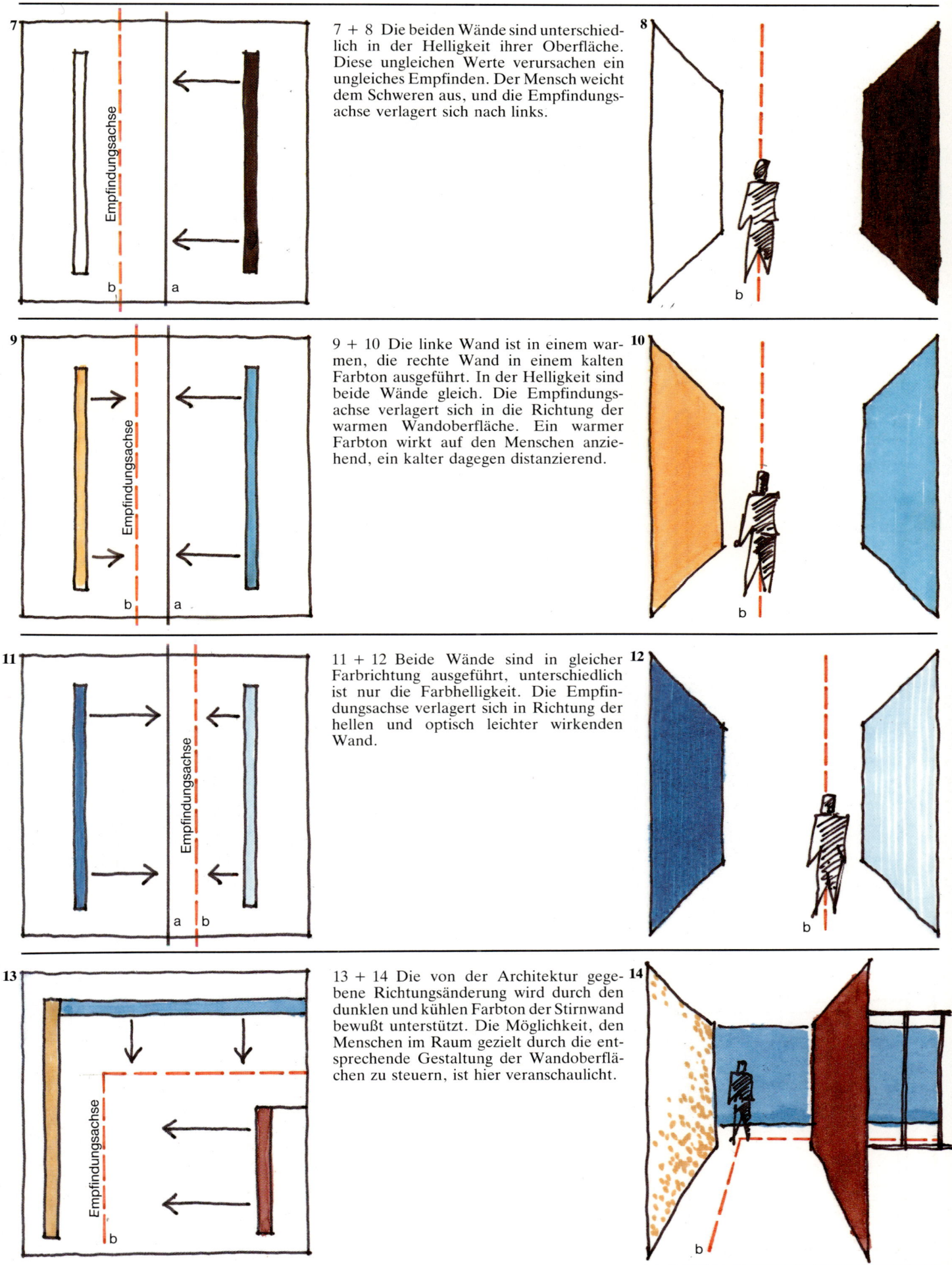

7 + 8 Die beiden Wände sind unterschiedlich in der Helligkeit ihrer Oberfläche. Diese ungleichen Werte verursachen ein ungleiches Empfinden. Der Mensch weicht dem Schweren aus, und die Empfindungsachse verlagert sich nach links.

9 + 10 Die linke Wand ist in einem warmen, die rechte Wand in einem kalten Farbton ausgeführt. In der Helligkeit sind beide Wände gleich. Die Empfindungsachse verlagert sich in die Richtung der warmen Wandoberfläche. Ein warmer Farbton wirkt auf den Menschen anziehend, ein kalter dagegen distanzierend.

11 + 12 Beide Wände sind in gleicher Farbrichtung ausgeführt, unterschiedlich ist nur die Farbhelligkeit. Die Empfindungsachse verlagert sich in Richtung der hellen und optisch leichter wirkenden Wand.

13 + 14 Die von der Architektur gegebene Richtungsänderung wird durch den dunklen und kühlen Farbton der Stirnwand bewußt unterstützt. Die Möglichkeit, den Menschen im Raum gezielt durch die entsprechende Gestaltung der Wandoberflächen zu steuern, ist hier veranschaulicht.

Wand – Rangordnung

Der Raum wird von Decken-, Wand- und Bodenflächen begrenzt. In der Rangordnung dominieren im Normalfall die Wände. Sie besitzen den größten Anteil der Flächenausdehnung und stehen in der Sehrichtung und dem Sehkegel des Menschen am günstigsten.
Bei der Rangordnung der Wände tritt eine gegenseitige Beeinflussung ein. Im architektonischen Raum bietet die Gestaltung die Möglichkeit, die Rangordnung der Wandflächen durch Farbe und Material zu verändern.

1 Proportion, Oberfläche und Farbe sind bei den drei aufgezeigten Wänden gleich. Keine der drei Wände ist in der Rangordnung dominierend. Um eine Rangordnung herzustellen, bedarf es der Veränderung der Wandoberfläche durch Farbe oder Material.

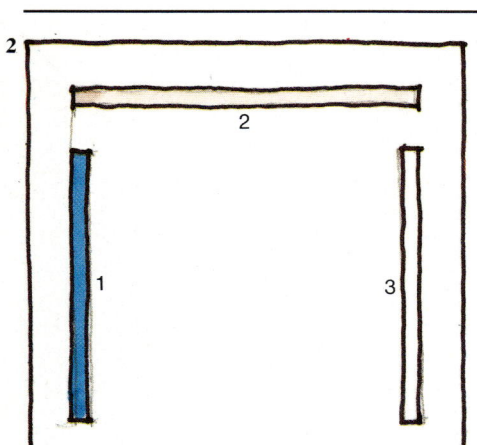

2 + 3 Durch den farbigen Akzent der linken Wandfläche wird auf diese die größte Aufmerksamkeit gerichtet. Sie tritt dadurch hervor und nimmt in der Rangordnung den ersten Platz ein. Die Wandablesefolge verläuft, wie die Abb. 2 zeigt, von links nach rechts in der Zahlenfolge 1, 2 und 3.

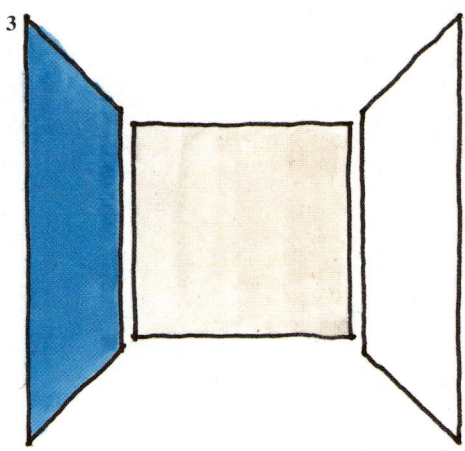

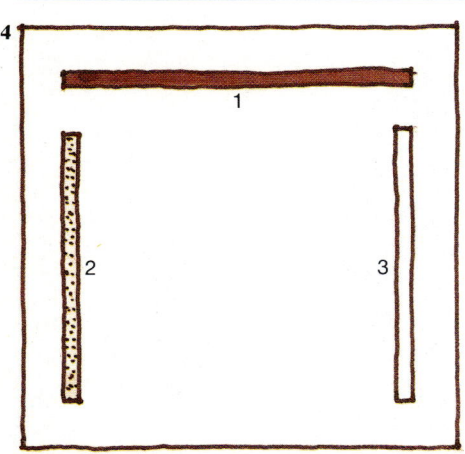

4 + 5 Die Rangordnung wird durch die Intensität der Wandflächen bestimmt. Hierbei nimmt die dunkle Rückwand den ersten Platz ein, gefolgt von der linken Wand, die durch ihre Oberflächenstruktur und das verwendete Material rangmäßig vor der rechten Wandfläche einzustufen ist.

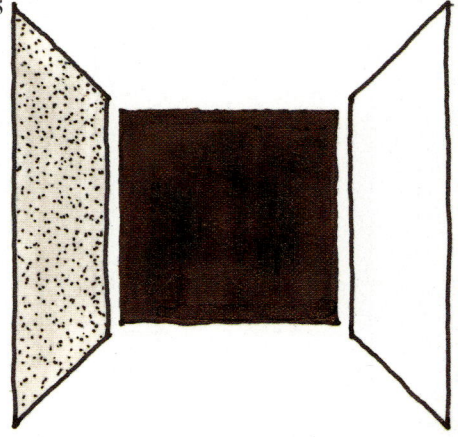

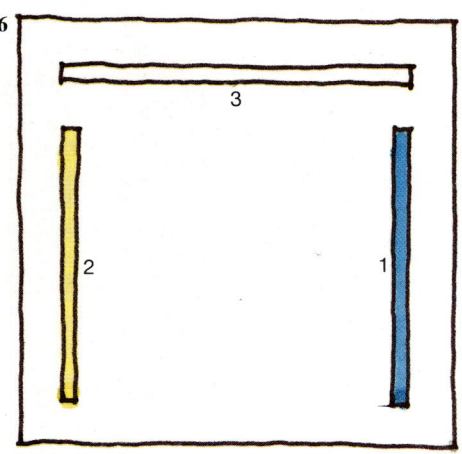

6 + 7 Die Rangordnung wird durch die Farbe bestimmt. Der intensive und kräftige Wandton dominiert. Gelb nimmt den zweiten Rang ein, die weiße Rückwand den dritten.

Raumablauf – Wandfolge

Die Wandbezeichnung mit A, B, C, D ist die Reihenfolge der nacheinander auf uns wirkenden Wände beim Betreten des Raumes. Die Zahlen in der Reihenfolge von 1, 2, 3, 4 geben die Intensität der Wandflächen an, hervorgerufen durch die Behandlung mit Farbe, durch das Design und Material.

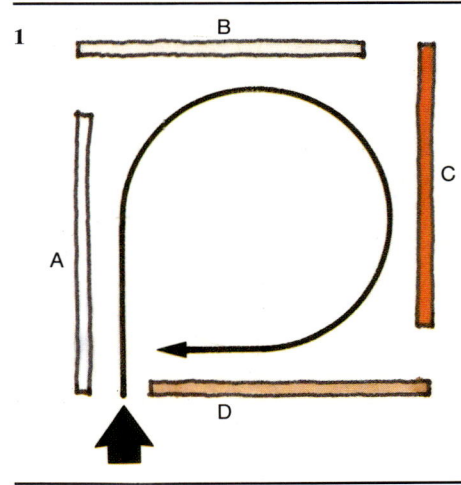

1 + 2 Beim Betreten des Raums entsteht durch die Intensität der Wandflächen ein von links nach rechts führender Ablauf. Diese Folge erweist sich als günstig, denn Wand C mit der größten Intensität 1 schafft einen Höhepunkt im richtigen Moment der Wandfolge.

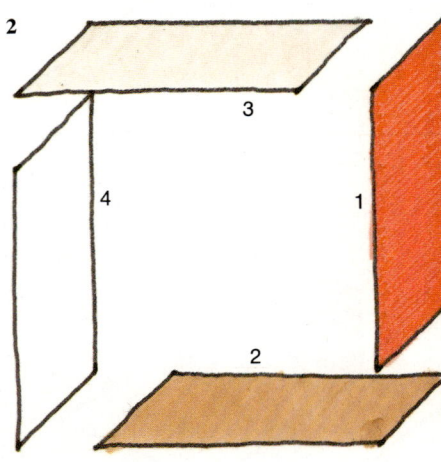

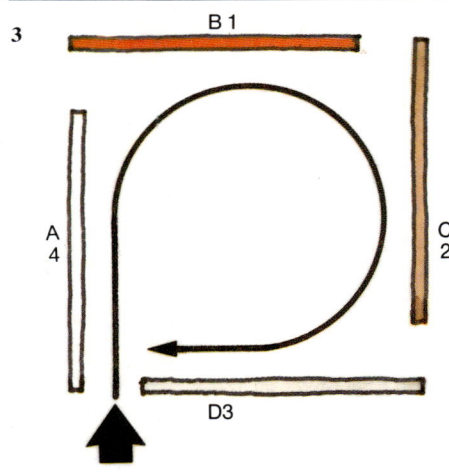

3 + 4 Die Sehrichtung des Betrachters führt beim Betreten des Raumes spontan auf Wand B mit der Intensität 1. Der Ablauf erfolgt in der Wandfolge C und D nach rechts. Da der Höhepunkt durch Wand B beim Eintritt in den Raum sofort auffällt, ist die Wandfolge ungünstiger als bei den Abb. 1 + 2.

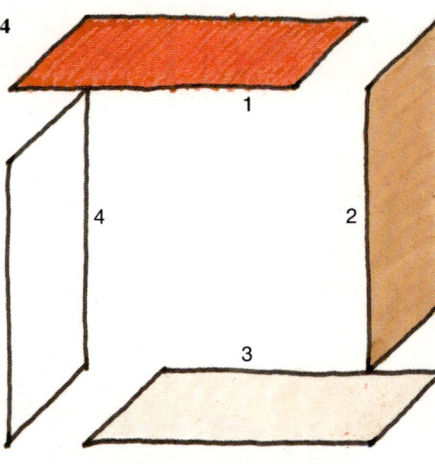

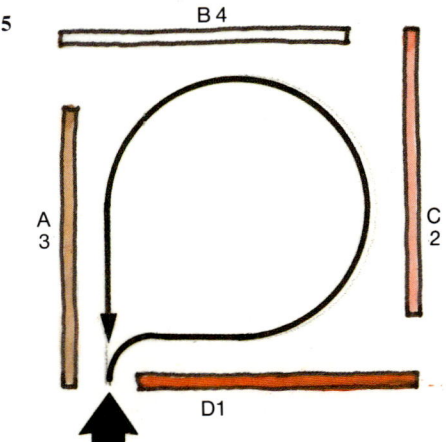

5 + 6 Die größte Wandintensität befindet sich an der Eingangsseite des Betrachters. Dadurch ist der Ablauf der Wandfolge etwas ungünstig.

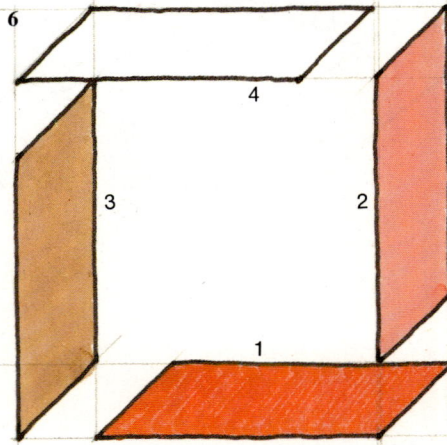

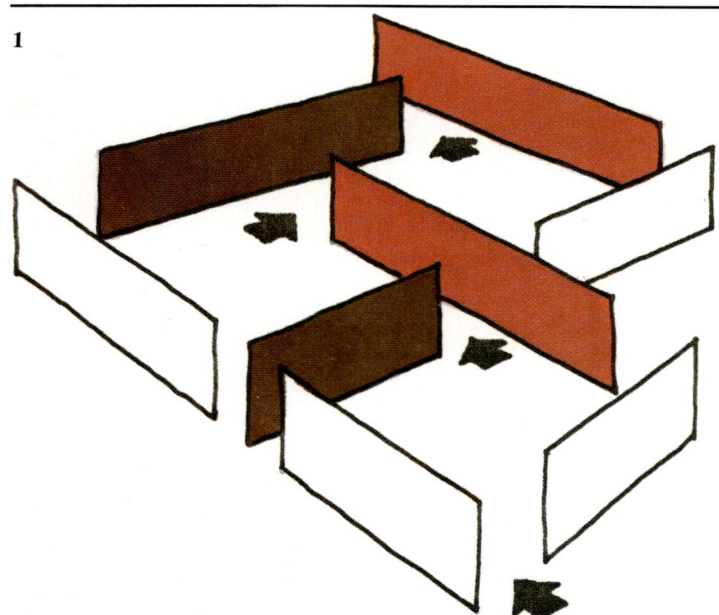

Wegführung im Raum

Die Wegführung im Raum ist durch die Anordnung von Türen, Inventar, durch Einbauten, Bodengestaltung, Anordnung von Blickzielen (Bilder, Licht) und Gestaltung von Wänden beeinflußbar. Eine gut durchdachte Wegführung erschließt den Raum, wobei der Raumeindruck und die Raumnutzung erheblich profitieren können.

1 Wegführung durch mehrere Räume. Der Wechsel in der Wandbehandlung zwischen der Leitwand und der dem Zugang gegenüberliegenden Wand führt den Betrachter unauffällig von Raum zu Raum.

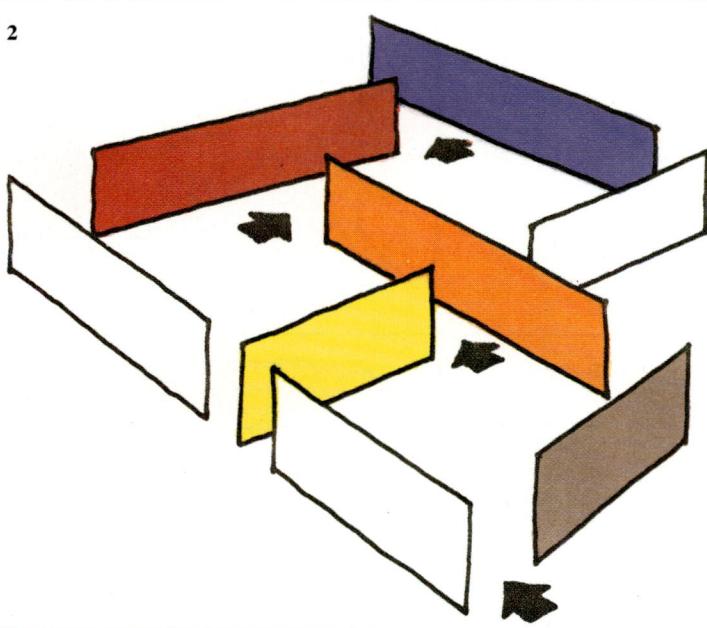

2 Die Wegführung wird durch Farbe unterstützt. Die beim Betreten des Raums gegenüberliegende gelbe Wand übernimmt die Führung und leitet weiter zur orangefarbenen, roten und violetten Wand.

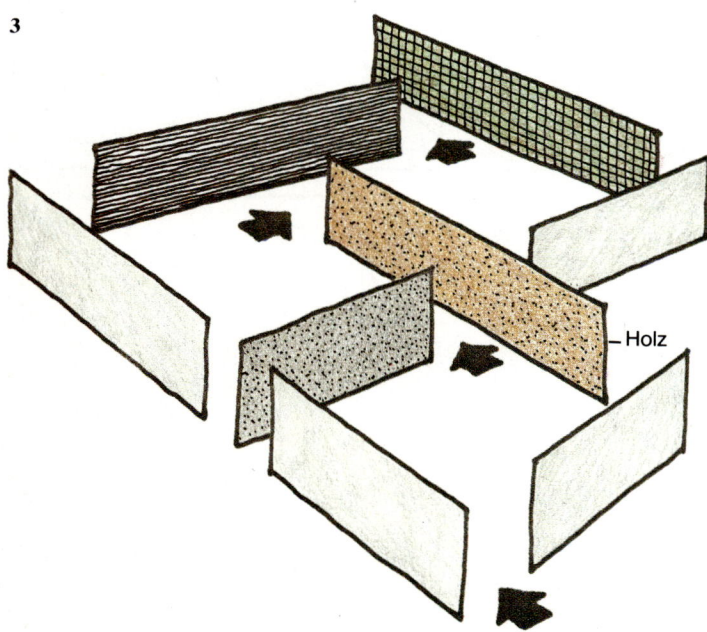

3 Die in jedem Raum dem Eingang gegenüberliegende Wand ist jeweils in einer anderen Technik ausgeführt und erweckt Aufmerksamkeit. Die Führungsrolle übernimmt jedoch die Leitwand, die jeweils in Farbe und Oberfläche anders gestaltet ist und weiter zum nächsten Raum führt.

Farbe – Material

Bei einer Kombination verschiedener Materialien zueinander ist darauf zu achten, daß sie entsprechend den gestalterischen Gesetzen und Anforderungen ausgewählt und bearbeitet werden (siehe S. 68).

1 Die Kombination der beiden Oberflächen zeigt einen starken Kontrast von Farbe – Nichtfarbe, Textil – Lack, dunkel – hell, glatt – rauh, glänzend – matt. Die zwei Flächen ergänzen sich und sind deshalb jeweils in ihrer Art aussagekräftig.

2 Eine Kombination der drei Materialien Holz – Lack – Textil.

3 Das Klangbild setzt sich aus vier Materialien zusammen, die in ihrer farbigen Erscheinung von der natürlichen Farbigkeit der Stoffe bestimmt werden. Strukturen, Texturen und Fakturen sind in der Komposition kontrastbetont zueinander geordnet.

Farb- und Materialplan

Ausgangspunkt für die farbige Gestaltung eines Innenraums oder einer Fassade sind die gegebenen Materialien (Werkstoffe). Das Beispiel zeigt, wie vom Werkstoff Holz ausgehend ein Farb- und Materialklang erstellt werden kann.

Holz wird, ausgehend von seiner natürlichen Farbigkeit, mit Farbtönen kombiniert, die heller, dunkler und reiner sind. Als Ergänzung fügt man die Gegenfarbe des Materials hinzu. Außerdem sind zu jeder Farbgestaltung neutrale Farbtöne (Materialien) wie Weiß, Grau und Schwarz notwendig, um Spannungen und Kontraste zu erzielen oder zu vermeiden.

1

Material

heller

dunkler

reiner

neutral Schwarz

neutral Grau

neutral Weiß

Gegenfarbe – Komplementärkontrast

1 Anhand des Materials Holz ist in einer schematischen Konzeption und mit gleichen Mengenanteilen ein Farb- und Materialplan dargestellt.

2 Die acht Farbtöne von Abb. 1 sind in den Mengenanteilen geändert. Dadurch entsteht eine größere Spannung.

Farbkonzept für einen Innenraum

Bestandsaufnahme	• Raumanalyse	• Raumgröße • Raumform • Raumproportion • Raumrichtung • Raumgrenzen • Raumbelichtung • Raumbeleuchtung • Raumeinrichtung • Raumausstattung • Raumfunktion • Raumbenützer, -besitzer • Raumverbindung • Raumakustik • Raumluft • Raumerschließung • Raumstil, Einrichtungsstil	
	• gegebene, vorhandene Materialien des Raumes	• Holz • Textil (Gewebe, Stoffe, Teppichboden) • Stein (natur, künstlich, gebrannt) • Beton • Kunststoff • Metall • Glas und Glasbaustoffe • Felle, Leder • Pappe, Papier und ähnliche Materialien • Kork	
	• farbig zu gestaltende Flächen im Raum	• Decke	• Fries • Hohlkehle
		• Wände	• Sockel • Nischen • Fries
		• Fußboden, Türen	• Treppen • Türzarge • Türblätter • Griffe und Beschläge
		• Fenster	• Fensterrahmen • Fensterbank • Fensterleibung • Gardinen • Übergardinen • Verdunkelung • Rollos • Jalousien
		• Heizkörper	
		• Einbauten	• Möbel • Kamin
		• lose Einrichtung	• Schrank • Regal • Sitzmöbel, Sitzgruppe • Bett, Liege • Arbeitsplatz • Raumdekoration

Farbkonzept	• gestalterisch	• Gestaltungsgrundsätze • Farbrichtung • Farbkontraste, Farbsysteme • Materialkontraste • Formkontraste • Farbharmonie • Affinität Farbe – Material • Tonwert • Farbdichte • Rangordnung • Raumablauf • Wegführung	
	• psychologisch	• Bewohner, Benützer	• Alter • Familiengröße • soziale Stellung • individuelle Wünsche • Lieblingsfarben • Farbempfindung
		• Farbwirkung • Mode • Einrichtungsleitbilder	• international • skandinavisch-finnisch • traditionell • individuell • Stil für junge Leute
	• technisch	• Materialien, z. B. Tapeten, Bodenbelag, Gardinen, Dekorationsstoffe, Fliesen usw. • technische Ausführung, Vor- und Nachteile • Kosten- und Zeitaufwand • Rentabilität • Verschmutzung, Reinigung, Pflege	

Farbentwürfe	• Ideenskizzen	• visuelle Komposition
		  a) helle, mitteltonige, dunkle Raumgestaltung
		  b) kalt – warm
		  c) modisch – konservativ
		• Farbenkombination
		• Materialkombination	

	• Farb- und Werkstoffplan	• Farbton • Material • technische Ausführung	
	• Veranschaulichung und Verdeutlichung des Farbkonzepts	• Fotos des Raums • Pläne (Grundriß, Ansicht, Schnitt) • isometrische Darstellung • perspektivische Darstellung • Modell • Skizzen • Farbplan, Farbtabelle, Farbleitplan • Materialplan • technische Vorschläge • schriftliche Begründung • mündliche Erläuterungen des Farbkonzepts • Verteidigung des Farbkonzepts	

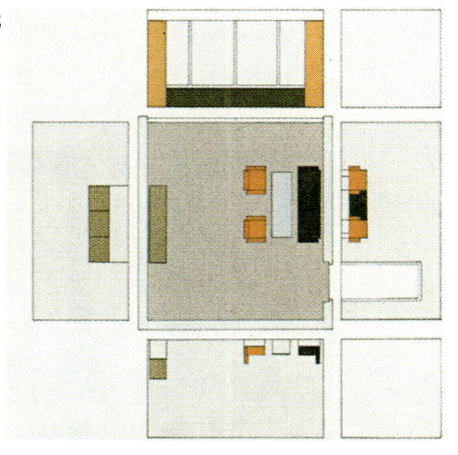

Veranschaulichung des Farbkonzepts

Abwicklung
Räume stellt man am besten in einer Abwicklung/Aufklappung dar. Über die einzelnen Seiten des Grundrisses werden die Wände errichtet und über oder neben eine Wand die Decke gesetzt. In diese Darstellung lassen sich ohne Schwierigkeiten architektonische Details, wie Fenster und Türen, sowie die Möblierung einzeichnen.

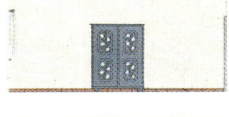
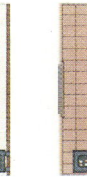 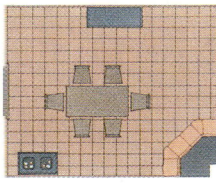  

Wände	Kunstharzputz
Kachelofen	Keramik
Kaminwand	Disp. RAL 1015
Holzdecke	
Tisch	
Stühle	Rustikal-Holzbeize
Fenster	
Gardinen	Leinen
Boden	Steinfliesen
Sitzkissen	Leinen
Bauernmöbel	
Gestaltende	
Werkarbeit	Leinölfarbe
Verglasung	Antikglas

Perspektive
Schwieriger als eine Abwicklung, aber dafür wirklichkeitsnäher, ist die perspektivische Darstellung eines Raums. Die räumliche Zeichnung ermöglicht eine bessere Vorstellung. Die Mengenanteile im entsprechenden Flächenverhältnis zueinander werden jedoch durch den nur von einem Blickpunkt aus betrachteten Raum nicht immer der Wirklichkeit gerecht. Daher ist es ratsam, einen Farb- und Materialplan zusätzlich anzulegen (s. Abb. 4, 6, 8). Er dient zur gestalterischen, technischen und kalkulatorischen Vorbereitung der Auftragsausführung. In ihn werden die beabsichtigten Farbtöne für Decke, Wände, Fußboden und andere Raumteile sowie die Farben der Einrichtung und Ausstattung eingesetzt. Dabei sind die Mengenverhältnisse der einzelnen Farbtöne besonders zu berücksichtigen.

 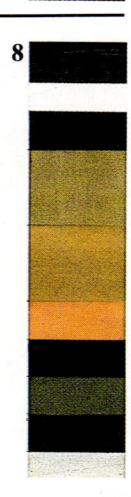

Gegenstand	Farbe und Werkstoff	Oberfläche
Decke		Gipsputz Kaseinfarbe weiß
Stuck		Teilweise mit Farbe abgesetzt
Wände: Holzwerk mit Profilleisten		Seidenglanz Leisten mit Gold abgesetzt patiniert
Gemälde auf Leinwand		
Fenster		Seidenglanz weiß
Wände: Stoffbespannung		Seidendamast
Gardinen		Seidendamast grün
Türen mit Profilleisten und Füllungen		
Stühle		Seidendamast weinrot
Fußboden		Parkettboden mit verschiedenen Holzarten

Eine exakte Abwicklung empfiehlt sich, wenn genaue Details wichtig sind. Das gezeigte Beispiel verdeutlicht die Wand und die Raumausstattung mit dekorativen Stuckarbeiten eines historischen Einrichtungsstils. In Abb. 1 und 2 sind Farbskizzen und in Abb. 3 der endgültige Farbentwurf dargestellt. Die Ausführung erfolgte in Temperafarbe auf Grafikerkarton.

Modell

Um einen Raum in der Ganzheit erfassen zu können, bedarf es einer dreidimensionalen Darstellung des Modells. Hier werden geschlossene und offene Raumteile, Wandfolgen und Raumschichten deutlich. Farbe, Material, Flächenverhältnisse und Form sind wirklichkeitsnah dargestellt. Angewandte Farbordnungen lassen sich anschaulich aufzeigen.

Farbberatung – Innenraum

Objekt:	
Geschoß:	Bereich:

Anwesend	Bauherr:	
	Bauleiter:	
	Unternehmer:	
	Berater:	

Raumfunktion:	Raumeinrichtung:
Raumform:	Raumbelichtung:
Raumproportion:	Raumbeleuchtung:
Raumbenützer:	Raumverbindung:

Fläche, Farbträger Gegenstand	Farbton	Fabrikat-Nr. Kollektion-Nr.	technische Ausführung sonstiges
Decke			
Wand 1			
Wand 2			
Fußboden			
Tür			
Fenster			
Heizkörper			
Möbel			
Sitzmöbel			
Fensterdekoration			
sonstiges			

Vereinbarung übergeben am: _____ an: _____

_____
(Unterschrift)

3.3. Farbe – Außenraum

Allgemeines

Kein öffentlicher Lebensbereich wird so sehr vom einzelnen mitgestaltet, wie unsere gebaute Umwelt. Die Bauwerke, in denen wir wohnen, arbeiten usw., haben einen Innen- und einen Außenraum. Der Innenraum kann im Gegensatz zum Außenraum sehr individuell gestaltet werden. An den Fassaden unserer Gebäude stoßen die Bereiche des Persönlichen und des Allgemeinen zusammen. Bei der farbigen Gestaltung unserer Außenräume müssen deshalb die Interessen der Allgemeinheit beachtet werden.

Für den Außenraum als ein Lebensbereich für viele Menschen ist es daher notwendig, das einzelne Haus, die Häusergruppe, die Straße, das Dorf, die Stadt so mit Farbe zu gestalten, daß sie möglichst den vielschichtigen Anforderungen, die an sie gestellt werden, entsprechen.

Analyse einer Fassade (Checkliste)

Baukörper-Architektur
- Bauweise
  - Skelettbau
    - Holzskelett
    - Stahlskelett
    - Stahlbetonskelett
    - Steinskelett
  - Schichtbau
    - Blockhausbau
    - Natur- und Kunststeinbau
- Baustil
  - Stilepochen (Bauzeit)
- Wirkung des Baukörpers
  - bewegt, dynamisch
  - ruhend, statisch
  - groß, klein
  - durchsichtig, undurchsichtig
  - abweisend, anziehend, bedrohend
  - Halt gebend
- Architektur-Körper
  - Ausdehnung
  - Proportion
  - Körpergrenzen, Flächen-Kanten
  - Material
  - Oberfläche
  - Farbe
  - Beziehung zu anderen Körpern
  - Beziehung zur Umgebung
  - Körperrichtung

Dach
- Dachform
  - Satteldach
  - Flachdach
  - Pultdach
  - Walmdach
  - Krüppelwalmdach
  - Mansardendach
  - Sheddach
- Dachgliederung
  - Gerade und Kehlen
  - Zwerchhäuser
  - Gauben
  - Schornsteine
  - Material- und Farbkontraste
- Material
  - gebrannter Ziegel
  - Eternit
  - Metall
  - Holz
  - Schiefer (Stein)
  - Stroh
  - Glas

Wand	• Wandgliederung	• symmetrisch • asymmetrisch • gereiht • horizontal • vertikal • flächig • reliefartig • plastisch	 • Risalit • Erker • Balkone • Gesims • Ortgang • Traufe • Fensterläden • Rolläden • Balkonbrüstungen • Dachrinne • Regenabläufe, Fallrohre
		• räumlich – mehrschichtig	• Arkade • Loggien
	• Wandoberfläche	• Material	• Putz • Stein (Natur- und Kunststein) • Beton • Holz • Kunststoff • Metall • Glas
		• Materialstruktur	• glatt • rauh • glänzend • matt
	• Wandform – Flächenform	• senkrecht • waagerecht • schräg • eben • einseitig gekrümmt • zweiseitig gekrümmt • vielseitig gekrümmt	
	• Wandöffnungen	• Fenster, Fensterwände, Fensterbänke • Türen • Tore	
	• Sockel	• Gliederung • Material, Materialstruktur	
Besonderheiten des Baukörpers	• Architektur – Gesamtanlage	• Freitreppen • Vorgärten • Einfriedungen • Vordächer • Kunst am Bau	
	• zweckgebunden	• Werbeanlagen • Lampen – Beleuchtung	
	• Vorschriften, Satzungen	• Farbleitplan • Kulturdenkmal • Ensembleschutz	

Farbkonzept für eine Fassade

Bestandsaufnahme
- gegebene vorhandene Farbtöne des Bauwerks
  - Dachziegel
  - Fensterglas
  - Metall
  - Stein
  - Kunststoff
  - Beton
  - Holz
  - Putz
- farbig zu gestaltende Fassadenflächen und Bauteile
  - Wände
  - Sockel
  - Fenster, Fenstergewände
  - Fensterläden
  - Dachgesims
  - Dachaufbauten
  - Regenabläufe
  - Haustüre
  - Erker
  - Balkon usw.
- Zweck des Bauwerks
  - Benützung, Verwendung
- Lage des Bauwerks
  - Umgebung
  - Farbtöne und Materialien der Umgebung
  - Hintergrund

Farbkonzept
- gestalterisch
  - Gestaltungsgrundsätze
  - Farbrichtung
  - Hell-Dunkel-Wirkung
  - Farbkontraste
  - Materialkontraste
  - Formkontraste
  - Farbharmonie
  - Affinität Farbe – Material
- psychologisch
  - Besitzer, Bewohner, Benützer
  - Farbwirkung
  - Tradition
- technisch
  - technische Ausführung
  - Kosten- und Zeitaufwand
  - Rentabilität
  - Lichtreflexionswert
  - Verschmutzung – Reinigung

Farbentwürfe
- Ideenskizzen
  - visuelle Komposition
    a) heller Fassadenton
    b) mitteltoniger Fassadenton
    c) dunkler Fassadenton
  - Farbenkombination
  - Materialkombination
- Farb- und Materialplan
  - Farbton
  - Material
  - technische Ausführung
- Veranschaulichung und Verdeutlichung des Farbkonzepts
  - Fotos der Umgebung
  - Farbauszüge
  - Pläne
  - isometrische Darstellung
  - perspektivische Darstellung
  - Modell
  - Skizzen
  - Farbplan
  - Materialplan
  - technische Vorschläge
  - schriftliche Begründung
  - mündliche Erläuterung des Farbkonzepts
  - Verteidigung des Farbkonzepts

Farbberatung – Fassade

Bauvorhaben:

Ortstermin am:

Anwesend	Bauherr:
	Bauleiter:
	Unternehmer:
	Berater:

Fassadenteil Anstrichträger	Farbton	entspricht Fabrikat-Nr.	technische Ausführung sonstiges
Fassade			
Sockel			
Fenster Fenstergewände			
Fensterläden			
Dachgesims			
Dachaufbauten			
Regenabläufe Dachrinnen			
Haustüre			
sonstiges			

Vereinbarung übergeben am: _____ an: _____

_____
(Unterschrift)

Farbentwurf für ein Einzelhaus

Vorder- und Seitenansicht der Fassade eines Einfamilienhauses mit Ladengeschäft im Erdgeschoß. Die technische Ausführung erfolgte mit Temperafarbe auf Grafikerkarton.

Bei einem Einzelhaus, das frei auf einem meist größeren Grundstück steht und von einem Garten umgeben ist, hat die Farbgestaltung unter Berücksichtigung des Landschaftsbilds, der Nachbarhäuser und der gegebenen Werkstoffe der Fassade zu erfolgen (siehe Analyse einer Fassade). Die farbige Betonung erfolgt durch Fenster, Fensterläden und Erker.

Farb- und Werkstoffplan

Farbträger	Farbton	Werkstoff
Dach		Ziegel, gebrannt
Dachrinne		Kupfer
Fassade		Silat Fassadenfarbe
Erker und Fensterleibung		Silat Fassadenfarbe
Holz		RAL 8011 KH-Lack
Fenster		Doppelverglasung

Der Farb- und Werkstoffplan ist nach Farbträger, Farbton und Werkstoff/Material gegliedert. Die Mengenanteile der Farbtöne zeigen ungefähr die Quantität der einzelnen Flächen der Fassade auf. Es ist immer von Vorteil, einen Farb- und Werkstoffplan zu erstellen, weil dadurch das Vorstellungsvermögen über die Wirkung von Farbe und Material für das zur Ausführung kommende Objekt erweitert wird.

Farbentwurf eines Einfamilienhauses mit Einliegerwohnung in der Darstellung von zwei Ansichten. Die mitteltonigen Fassadenflächen in mehreren Helligkeitsstufen unterstützen die aufgelockerte Bauweise der Architektur. Ferner wird die dunkle, in der Wirkung lastende Holzverblendung an der Giebelseite im Kontrast reduziert und das Gesamtbild somit harmonischer.

Farbentwurf für historische Bauwerke

1 Farbentwurf der Jugendstilfassade Villa Schliz, Heilbronn. Das Farbkonzept wurde durch Analysen am Objekt nach der ersten Farbfassung ausgeführt.

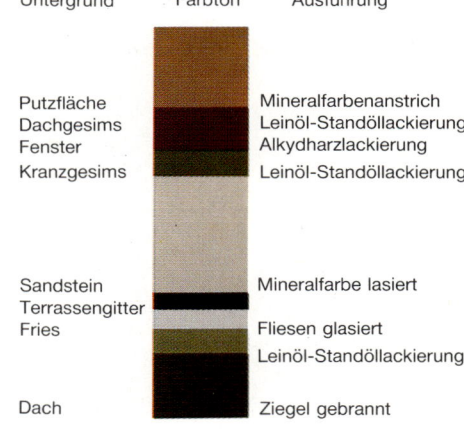

Untergrund	Farbton	Ausführung
Putzfläche		Mineralfarbenanstrich
Dachgesims		Leinöl-Standöllackierung
Fenster		Alkydharzlackierung
Kranzgesims		Leinöl-Standöllackierung
Sandstein		Mineralfarbe lasiert
Terrassengitter		
Fries		Fliesen glasiert
		Leinöl-Standöllackierung
Dach		Ziegel gebrannt

2 Farb- und Materialplan der Villa Schliz in der Gliederung nach Farbträger, Farbton und technischer Ausführung.

3 Farbentwurf der barocken Fassade des Konventgebäudes der Abtei Neresheim.

4 Wappen über dem Haupteingang des Konventgebäudes in Neresheim. Es handelt sich um einen Abguß. Die Fassung ist nach den heraldischen Grundlagen ausgeführt.

5 Farbentwurf der barocken Rathausfassade von Schwäbisch Hall.

6 Farbplan der Platzanlage vor dem Rathaus in Schwäbisch Hall.

Außenraum – Farbkonzept

Arbeitsschritte für ein Farbkonzept

Um einen Außenraum farbig zu gestalten, muß man sich zuerst einmal mit ihm vertraut machen. Der Raum einer Straße, eines Dorfes oder einer Stadt ist zu analysieren; diese Analyse gilt als Leitfaden für die farbige Gestaltung.

Analyse

- Objekt
  - Aufgabe
  - Ziel

- Ort, Typ, Charakter
  - Name
  - Größe
  - Geschichte – Entstehungszeit
  - geografische Lage
  - Topografie
  - Ökologie
  - Bewohner

- baulich–räumlicher Zusammenhang
  - Erkennung der Gesamtarchitektur
  - Achsen, Plätze, Zentren
  - Verkehr

- Straßen- und Platzcharakter
  - Verlauf
  - Bebauungsdichte – Gruppenbildung
  - Breitenmaß der Baukörper
  - Kontur, Höhenlinien, Rhythmus
  - Proportionen
  - Straßenansichten
  - Straßenbild
  - historisch-bauliche Form
  - Teilungen
  - Geschoßzahl und Dachneigung
  - Umrisse der Einzelgebäude
  - Übergänge der Gebäude
  - Orientierungspunkte, Merkzeichen

- Verkehr
  - öffentliche Verkehrsmittel
  - Individualverkehr
  - Fußgänger
  - Haltestellen

- Architektur
  - Baustile
  - Horizontale, Vertikale
  - Kontur der Konstruktion
  - plastische Gliederung und Ornamentik
  - Verhältnis Öffnung – Masse
  - Gliederung der Öffnungen
  - Material und Farbe

- Zubehör
  - Beleuchtung
  - Informationsträger
  - Straßenbelag
  - Sitz- und Versammlungsmöglichkeiten

- Vegetation
  - Bäume
  - Blumen
  - Parkanlagen

Entwickeln des Farbkonzepts

- Bestandsaufnahme
  - gegebene, nicht veränderbare Farbtöne
    - Dachziegel
    - Fensterglas
    - Stein
    - Metall usw.
  - Materialien, die an der Oberfläche behandelt werden
    - Putz
    - Beton
    - Stein
    - Metall usw.
  - Farbtöne, die bei Untersuchungen an den Gebäuden analysiert wurden
    - Putzanstriche
    - Holzanstriche
    - Metallanstriche
    - Steinanstriche
  - Farbtöne, die charakteristisch für das Objekt sind
    - helle Farben, dunkle Farben
    - Erdfarben
  - farbenpsychologische Überlegungen
    - Bewohner, Benützer, Eigentümer
    - Tradition
  - kunsthistorische Gesichtspunkte
    - Stilepochen
  - Licht- und Schattenwirkung
  - technische Voraussetzungen für einen Neuanstrich oder eine Renovierung
    - Untergrund
    - Material
    - technische Ausführung
  - gegebene, sich verändernde Farbtöne
    - Grünanlagen
    - Blumenschmuck
    - Lichtwerbung

- Farbkonzept
  Gewonnene Erkenntnisse aus der Analyse müssen hier einfließen und als Ausgangspunkt für das Farbkonzept dienen.
  - gestalterisch
    - Farbrichtung
    - Hell-Dunkel-Wirkung
    - Farbkontraste, Formkontraste
    - Farbharmonie
    - Bewegungsablauf durch Farbe
    - Affinität (Farbe – Form – Material)
  - psychologisch
    - Wünsche der Besitzer, Bewohner, Benützer
    - traditionell-modisch
    - Farbwirkung
  - technisch
    - technische Ausführung
    - Lichtreflexionswerte
    - Verschmutzung – Reinigung
  - Ideen- und Arbeitsskizzen
    - visuelle Kompositionen
    - Farbenkombination
    - Materialkombination

- Veranschaulichung und Verdeutlichung des Farbkonzepts
  - Fotos der Umgebung
  - Farbauszüge
  - Pläne
  - isometrische Darstellung
  - perspektivische Darstellung
  - Modell
  - Skizzen
  - Farbplan
  - Werkstoffplan
  - technische Vorschläge
  - schriftliche Begründung
  - mündliche Erläuterung des Farbkonzepts
  - Verteidigung des Farbkonzepts

Farbkonzept für eine Straße
Calwer Straße Stuttgart

Die Calwer Straße ist ein Straßenensemble, das in seiner Vielgestaltigkeit in Stuttgart seinesgleichen sucht. Sein Erscheinungsbild wurde durch einen beziehungslos eingefügten Neubau beeinträchtigt, der ein treffliches Beispiel dafür ist, wie manche technologische und ästhetische Entwicklung der Nachkriegszeit humane Werte mißachtete, denen sich die Vergangenheit verpflichtet fühlte. Trotz dieser zum Teil krassen, architektonischen Unterschiede stellt die Calwer Straße ein Stück Stadtqualität dar, die es zu erhalten gilt. Man nennt dies Ensemblequalität; der Denkmalschutz spricht von Ensembleschutz.

Straßenanalyse

- baulich-räumlicher Zusammenhang
- Nutzung und Erscheinung
- Entstehungszeit
- Verlauf der Straße
- Breitenmaß der Baukörper
- Kontur
- Proportionen
- Kontur der Konstruktion, plastische Gliederung und Ornamentik
- Verhältnis Öffnung – Masse
- Gliederung der Öffnungen
- Straßenzubehör
- Material und Farbe

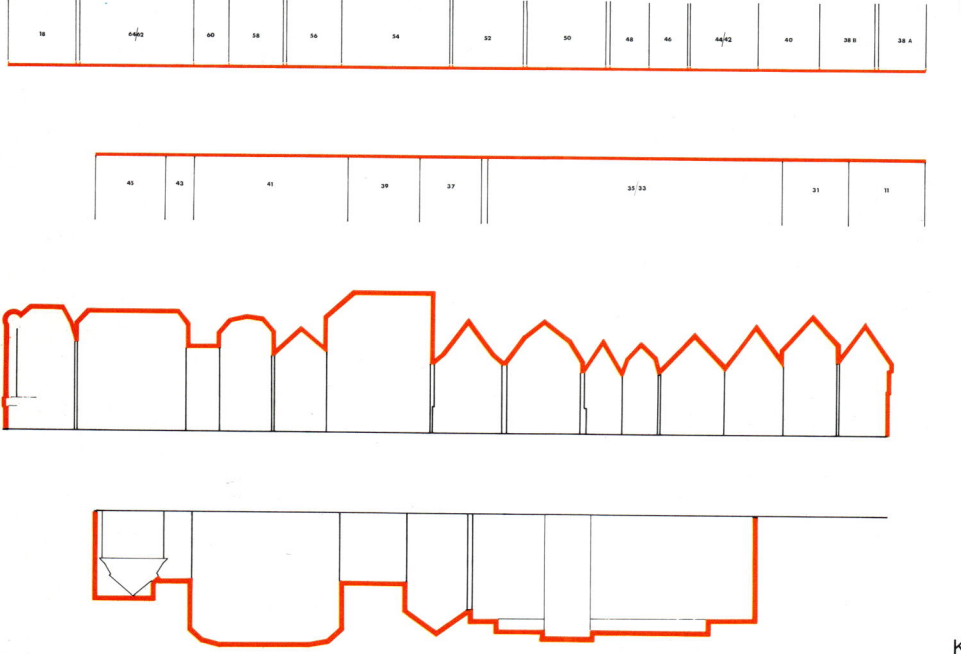

Straßenverlauf

Kontur – rhythmischer Verlauf der Dachformen

Farbkonzept

Farbentwurf

Detaillierte Darstellung

Farbkonzept für eine Dorfgemeinde
aufgezeigt am Beispiel
Markt Schwarzach
Allgemeines

Neben der Ortssanierung und der Wohnungsmodernisierung ist ein wesentlicher Schwerpunkt der Dorfentwicklung die Ortsgestaltung. Dazu gehören im privaten Bereich die Gestaltung der Gebäude, Gärten und Höfe sowie im öffentlichen Bereich die Gestaltung der Straßen, Wege, Plätze, Wasserflächen und der öffentlichen Gebäude. Dorfgestaltungsmaßnahmen haben neben ihrem eigentlichen Zweck, wie der Sanierung der Außenhaut der Gebäude oder der Verbesserung des Fußgängerverkehrs im Ort, vor allem das Ergebnis, daß sie optisch nach außen wirken: Sie geben jedem Dorf sein typisches Gepräge, machen es für Einheimische und Gäste freundlich und liebenswert. Sie stellen damit für die Erhaltung und Entwicklung der Dörfer einen wichtigen Faktor dar.[1]

Gemeinde Markt Schwarzach

Die Gemeinde Markt Schwarzach, die an der Mündung der Schwarzach in den Main liegt, ist eine alte Siedlung und gehört heute zum Verwaltungsbezirk Unterfranken. Im Jahre 1973 schlossen sich die Orte Stadtschwarzach, Schwarzenau, Münsterschwarzach, Gerlachshausen, Hörlach und Düllstadt zu Markt Schwarzach zusammen. Stadtschwarzach ist nach der Zahl der Einwohner, Geschäfte und Betriebe und durch die zentrale Lage der Mittelpunkt des heutigen Marktes und Verwaltungssitz. Der Markt hat insgesamt ca. 3000 Einwohner.

Farbkonzept

Um die Ortsbilder dieser alten Dörfer zu erhalten und im Zusammenhang mit der Planung von neuen Siedlungen bedarf es eines überlegten und sorgfältigen Vorgehens. Merkmale und Qualitäten der Dorflandschaft, die unabhängig von den früheren Lebensumständen heute noch Gültigkeit haben, sind:
- die Harmonie von Landschaft und Siedlung,
- die Überschaubarkeit des Lebensraums,
- die Angemessenheit der Bauformen,
- der auf den Menschen bezogene Maßstab.

Was muß getan werden?
- Der eigenständige und unverwechselbare Charakter der Dörfer muß erhalten bleiben.
- Antworten auf die heutigen Bedürfnisse mit zeitgemäßen Ausdrucksmitteln müssen gefunden werden.
- Für die Dörfer muß ein Leitbild entwickelt werden, das sich nicht einseitig an städtischen Vorbildern orientiert.

Um dies zu erreichen, ist eine Planung und Zielsetzung notwendig, zu der auch die farbige Gestaltung gehört, denn sie prägt das Dorf ganz entscheidend.

Kriterien, die zur Auswahl der Farbpalette für die Fassaden- und Schmuckfarben führten:
- historische Entwicklung (Geschichte)
- Lage der Dörfer in der Landschaft
- Funktion der Dörfer (landwirtschaftlich geprägt, vorherrschend Wohnungen usw.)
- Funktionsablauf der Dörfer (Straßen, Gassen, Plätze, Bäche usw.)
- Baustil und Architektur der Einzelgebäude und Gebäudeensembles
- Einbeziehung gegebener, nicht veränderbarer Farbtöne (Dachziegel, Dachrinnen, Bruchsteinmauerwerk usw.)
- Einbeziehung von Fassadentönen, die in jüngster Zeit aufgebracht wurden
- Farbtöne, die bei Putzuntersuchungen an alten Gebäuden ermittelt wurden
- Farbtöne, die charakteristisch für den Markt Schwarzach und seine Umgebung sind
- Bewohner der Dörfer (Charakter, Gewohnheit, Tradition usw.)
- Einbeziehung gegebener, veränderbarer Farbtöne (Grünanlagen, Blumenschmuck)
- Zusammenhang der sechs Gemeinden als ein Verwaltungsgebilde, bei dem aber die Eigenart und Charakteristik jedes einzelnen Dorfes erhalten bleiben soll
- technische Voraussetzungen für einen Neuanstrich vor allem bei älterem Putz und Mauerwerk (materialgerechtes Vorgehen, handwerklich typische Tradition)

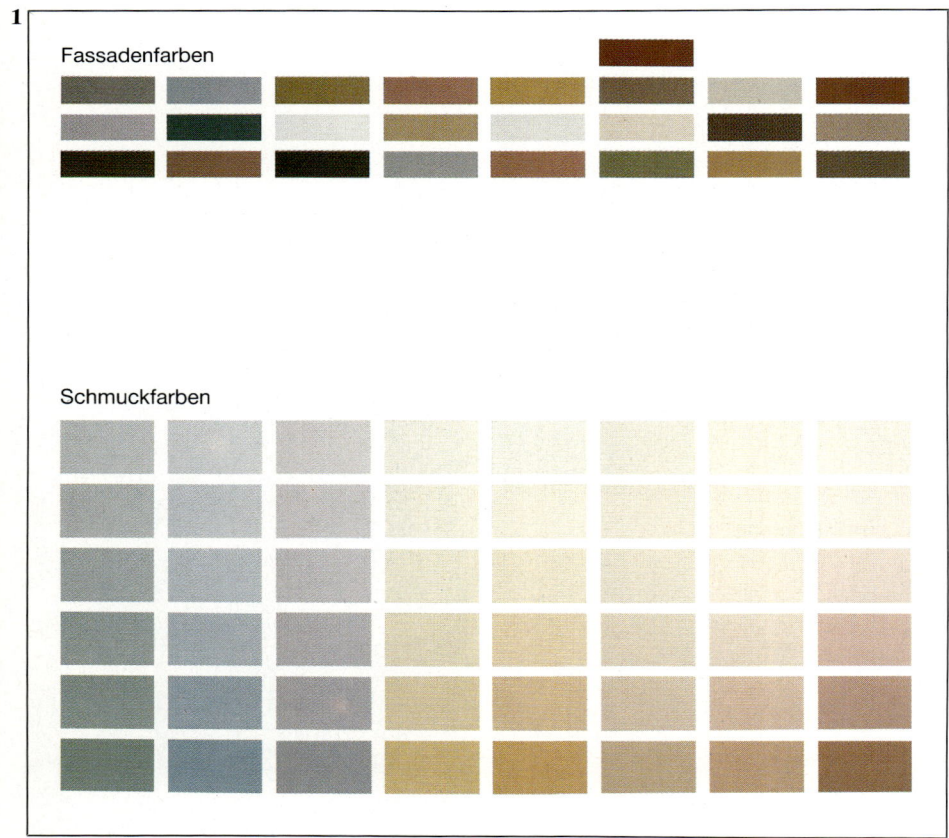

1 Fassadenfarben / Schmuckfarben

Stadtschwarzach

Düllstadt

Gerlachshausen

Hörlach

Schwarzenau

Münsterschwarzach

Farbentwürfe

Die farbige Abstimmung einer Gebäudereihe oder eines Gebäudeensembles ist anhand von Farbentwürfen aufgezeigt. Von jedem Ortsteil ist ein Beispiel angeführt, das eine von vielen Möglichkeiten veranschaulicht, wie mit der entwickelten Farbpalette gearbeitet werden kann. Die Fassadentöne und Schmuckfarben sind so zusammengestellt, daß sich immer ein harmonisches Gesamtbild ergibt.

Durch solche Farbskizzen ist es möglich:
- räumliche Wirkung zu schaffen
- Akzente an der richtigen Stelle zu setzen
- Gebäudekomplexe zusammenzufassen oder getrennt zu behandeln
- natürliche Bewegung innerhalb einer Straßenzeile zu unterstützen und aufzulockern
- Gliederungen von Baukörpern zu korrigieren, die bislang nicht in das typische Ortsgefüge paßten.

Farbträger	Farbton	Werkstoff
Fachwerk		KH-Lack, seidenmatt
Kamin		Mineralfarbe
Glasfläche		Glas
Sandstein, grün		Verfestiger, mineralisch
Gestaltende Werkarbeit		KH-Lack
Fassade, Gefache		Mineralfarbe
Eingangstüre		KH-Lack RAL 8016
Sandstein, rot		Verfestiger, mineralisch
Dachfläche		Ziegel, gebrannt
Fensterrahmen		KH-Lack, seidenmatt
Dachrinne		Kupfer

Farb- und Werkstoffplan
Zur Renovierung der Gebäude benötigt man einen Farb- und Werkstoffplan. Dabei ist es wichtig, daß Farbangaben in Form von sichtbaren Mustern gemacht werden. Die Farbmuster sollten zusätzlich durch Textangaben ergänzt werden, die aufzeigen, um welche Gebäudedetails es sich handelt, welche Anstrichtechnik und welches Material empfohlen werden. Ferner bietet der Farb- und Werkstoffplan für Hauseigentümer und Handwerker eine Möglichkeit, sich ein Bild von der Farbkomposition zu machen.

Werkproben

Fassadenwerbung für eine Bankfiliale, die sich im Langhaus befindet. Ausführung mit KH-Lack.

Putzproben
a) grob strukturiert und abgebürstet
b) abgefilzt
c) abgeglättet
d) Spritzbewurf
Silikatfarbenanstrich

Fachwerk
Gefache:
Kalk-Zementputz, Mineralfarbenanstrich
Fachwerk:
KH-Lack seidenmatt, Beistrich zur Betonung des Gefaches

Farbkonzept für eine Stadt
aufgezeigt am Beispiel Pfullingen
Allgemeines

Die Farbe jeder Stadt ist abhängig von ihren natürlichen Bedingungen und ihrer Geschichte. Die natürlichen Bedingungen bestimmen die Auswahl der Baustoffe, und diese bilden in ihrer Gewichtung wesentlich den Charakter einer Stadt. Hinzu kommen Landschaft, klimatische Eigenschaften und Lage. Die Stadt am Meer hat einen anderen Charakter als jene im Landesinnern, in der Ebene oder in den Bergen. Straßen, Plätze, Häuser, Mauern und Farben wirken in den verschiedenen Landschaften jeweils anders.

Auch das Licht spielt eine wesentliche Rolle für die Atmosphäre einer Stadt, und nicht zuletzt beeinflussen die Bewohner durch eigenständige Farbgebung das Flair eines Ortes.
Im Zuge von Renovierung, Sanierung, Restaurierung und Neubaumaßnahmen sind die Gemeinden vor die Aufgabe gestellt, nach Lösungen für die farbige Gestaltung ihres Ortes zu suchen. Dabei sollte nicht Modetrends gefolgt und leichtfertig der typische Charakter eines Ortes verfälscht werden.

Geographische Lage

Pfullingen liegt 50 km südlich der Landeshauptstadt Stuttgart in 425 m über Meereshöhe am Fuße der Schwäbischen Alb. Die Markung grenzt im Norden an die Kreisstadt Reutlingen und reicht im Süden hinein in den Erholungsraum der dünnbesiedelten Schwäbischen Alb.

Geschichte – wirtschaftliche Entwicklung

Die ersten Spuren einer Besiedlung stammen aus der Jungsteinzeit. 937 wurde der Ort erstmals urkundlich erwähnt. 1699 erhielt Pfullingen Stadtrecht. Bis gegen Ende des 18. Jahrhunderts waren Landwirtschaft und Handwerk die einzigen Erwerbsquellen. In der Mitte des 19. Jahrhunderts begann die Umwandlung des Kleingewerbes; eine starke Industrialisierung setzte ein. Papier-, Textil- und Lederindustrie entwickelten sich rasch. Nach dem Zweiten Weltkrieg hat sich die Stadt durch Erschließung neuer Baugebiete rasch ausgedehnt. Sie zählt heute ca. 16 000 Einwohner.

Seite 115 – 121:
Entwurf und Farbberatung: O. Guckenberger
Fassadenwerbung: F. Mezger
Die Stadt Pfullingen wurde 1983 Landessieger von Baden-Württemberg im Landeswettbewerb „Bauen und Wohnen in alter Umgebung – Bürger Deine Gemeinde, alle bauen mit".
Im Bundeswettbewerb 1983 – 1984 „Bürger, es geht um Deine Gemeinde: Bauen und Wohnen in alter Umgebung" erhielt die Stadt Pfullingen die Goldplakette vom Bundesministerium für Raumordnung, Bauwesen und Städtebau.

Kirchstraße nach der Renovierung

Sanierung der Innenstadt

Die Notwendigkeit einer Sanierung der Innenstadt hat man in Pfullingen frühzeitig erkannt, und schon im Jahre 1970 beschloß der Gemeinderat, eine Gutachterkommission damit zu beauftragen, Grundsätze und Leitlinien für die zukünftige Stadterneuerung und Entwicklung zu erarbeiten und konkrete Empfehlungen zu Lösungen anstehender Probleme zu geben. 1973 wurde dem Gemeinderat und den Bürgern der Stadt ein Gutachten dieser Kommission vorgelegt.

Als Zielsetzungen legte man fest:
1. Die gesamten Lebensbedingungen, besonders der Innenstadt, müssen verbessert werden.
2. Die zentralörtliche Bedeutung der Stadt muß gefestigt und weiter ausgebaut werden.
3. Im Zuge dieser Maßnahmen soll ein neues Stadtbild entstehen, das den erhaltenswerten Zustand respektiert, den landschaftlichen, topografischen und örtlichen Gegebenheiten entspricht und den Bewohnern die Möglichkeit vermittelt, sich mit ihrer Stadt zu identifizieren.[1]

So kann bei der Erneuerung des Stadtbildes nur Gültiges geschaffen werden, wenn neben der Forderung nach angemessener architektonischer Gestaltung bei Neubaumaßnahmen die Bewahrung und Restaurierung bau- und heimatgeschichtlich wertvoller Gebäude und typischer Straßenzüge wieder als vordringliche stadtgestalterische Maßnahmen erkannt werden.[2] Hierbei ist neben Bauherren, Architekten und Handwerkern die gesamte Bevölkerung aufgerufen, in Zusammenarbeit die Zielsetzungen in die Tat umzusetzen.

Die Bewahrung und Restaurierung historischer Bausubstanz, das Verhindern von Vernichtung oder Verunstaltung, wie sie durch unüberlegte Verwendung neuer Baumaterialien, durch vordergründige Modernisierung oder durch einseitige wirtschaftliche Maßnahmen (Heizkostenersparnis, Witterungsbeständigkeit) hervorgerufen werden, erfordert den planerischen Einsatz gesetzlicher, gestalterischer und finanzieller Mittel.[3]

Eine größere Anzahl älterer Gebäude ist ursprünglich mit sichtbarem Fachwerk gebaut worden. Der Nachweis über die Konstruktionen dieser Fachwerkgebäude konnte in den meisten Fällen durch thermografische Untersuchungen erbracht werden (Abb. 1). Diese Fachwerkfassaden freizulegen, würde eine Bereicherung der Innenstadt bedeuten.

1 Thermografische Untersuchungen können als Nachweis von verdecktem Fachwerk dienen.

[1] Stadt Pfullingen, Gutachten über die Erneuerung und Entwicklung der Innenstadt vom April 1973
[2] Stadt Pfullingen, Erhaltenswerte Gebäude, Gebäudegruppen und Straßenfronten in der Innenstadt, S. 2
[3] Stadt Pfullingen, Erhaltenswerte Gebäude, Gebäudegruppen und Straßenfronten in der Innenstadt, S. 3

14 17 — Kirchstraße
10 8 6 4 2 — Kirchstraße
4 — Rathaus 2
5 — Rathaus 1

1-3 Beispiel Gebäude Kirchstr. 4 zeigt, wie eine Fassade im Laufe von Jahrzehnten durch übertriebene Sanierungsmaßnahmen zerstört werden kann.

Farbkonzept

4 Aufschlußreiche Hinweise über die früheren Farben der Gebäude gaben Putzuntersuchungen, die den Grundstein für die zusammengestellte Farbpalette von Fassadentönen bildeten.

Zur Erstellung von Farbleitplänen, im speziellen zum Farbkonzept Pfullingen, schreibt Professor Max Bächer, Stuttgart, wie folgt: »Kein öffentlicher Lebensbereich wird so sehr vom einzelnen mitgestaltet wie unsere gebaute Umwelt. Jeder, der ein Innen baut, baut auch ein Außen, und jede persönliche Entscheidung wird im Hausbau öffentlich.

An der Außenhaut eines Gebäudes stoßen die Bereiche des Persönlichen und des Allgemeinen zusammen, durchdringen sich die Zuständigkeiten und machen Vereinbarungen nötig.

Die Abwägung von öffentlichen und privaten Interessen ist im Art. 14 des Grundgesetzes mit der Bindung des Eigentums an die Verpflichtung gegenüber der Allgemeinheit verankert. Von daher rechtfertigt sich der Auftrag der Gemeinden, um das Bild der Städte als dem Lebensbereich vieler Menschen besorgt zu sein.

Es sind die Gebäude, die die Straßen, die Plätze, die ganze Stadt bilden. Ein hervorragendes Gestaltungsmerkmal im ›Gesicht‹ der Stadt ist die Farbe. Ein neu erwachtes Bewußtsein für die Wirkung der Farbe beginnt sich im Bild der Stadt auszuprägen. Zahlreiche gut gemeinte Versuche zeigen jedoch deutlich, daß ohne Abstimmung Chaos entsteht, statt Harmonie Buntheit und statt eines Bildes nur ein Farbkasten. Durch strenge Satzungen zur Farbgestaltung, die jedem Haus seine Farbe nach einem künstlerisch konzipierten Plan zuweisen, wird in vielen Städten versucht, eine Vielfalt durch Regeln festzuschreiben. Dies steht in unvereinbarem Gegensatz zur Selbstverantwortung, zur Mitbeteiligung und zur Einflußnahme des einzelnen auf das Aussehen seines Hauses. Sie erlauben dem einzelnen oft nicht einmal die Ablehnung einer Farbe, die seinem Geschmack, seiner Mentalität oder seinem subjektiven Farbempfinden nicht entspricht.

Die Stadt Pfullingen hat sich zur Aufgabe gemacht, für diesen Konflikt zwischen öffentlichen und privaten Interessen eine praktikable Lösung zu finden, die dem einzelnen verschiedene Möglichkeiten im Rahmen eines Gesamtkonzepts zur Wahl stellt.

Für die Straßenräume und Plätze in der Innenstadt wird eine Palette sorgfältig abgestimmter Fassadentöne vorgeschlagen, die in jeweils unterschiedlichen Helligkeitswerten zur Wahl stehen. Dem einzelnen Bürger wird damit die Möglichkeit gegeben, aus einer begrenzten Zahl unterschiedlicher Farbtönungen und Tonwerte die ihm und seinem Haus entsprechende Farbe auszuwählen. Daneben steht eine zweite Reihe von Schmuckfarben für Fenster, Türen, Gesimse und andere Baudetails, die auf die Fassadentöne abgestimmt sind und die als Schmuckfarben dem Gesicht des Hauses seine Stimmung geben. So entsteht eine Vielzahl von Kombinationsmöglichkeiten innerhalb eines Gesamtkonzepts, das die persönliche Entscheidung der Beteiligten als Beitrag zur Stadtgestaltung einbezieht. Nach diesem Farbkonzept wird also nicht für jedes Haus eine ganz bestimmte Farbe und Farbkombination vorgeschrieben, sondern lediglich ein Rahmen gegeben, in dem der einzelne seine Entscheidung treffen kann.

In allen Fällen steht das Stadtbauamt zu einer kontinuierlichen Beratung zur Verfügung, wenn es darum geht, eine Entscheidung zwischen verschiedenen gleichwertigen Lösungen zu finden. Hierdurch möchte sich auch die Stadt eine Einflußnahme sichern, ohne dadurch einen Zwang auszuüben. Man ist der Überzeugung, daß sich Schönheit nicht diktieren läßt, sondern daß sie durch Übereinkunft aller Beteiligten allein entstehen kann. Hierzu gehören neben dem Hausbesitzer der Handwerker, der Architekt, der Farbberater und die Verwaltung. Das Pfullinger Farbkonzept soll einen Beitrag zur Abstimmung privater und öffentlicher Interessen, Bindung und Freiheit zum Zwecke einer demokratischen Stadtgestaltung darstellen«.

Farbleitplan Pfullingen

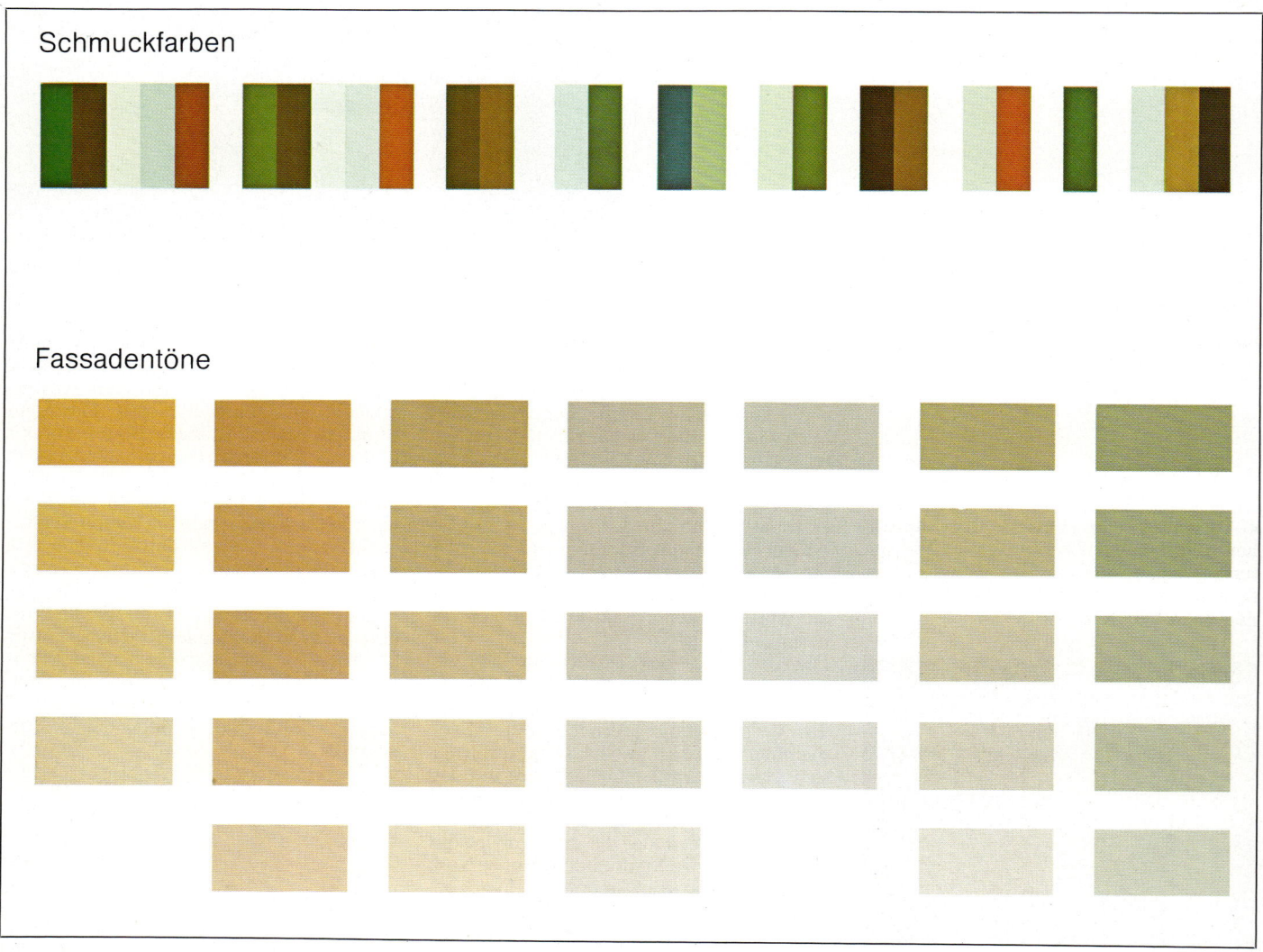

Anwendung des Farbkonzepts

Für die Farbberatung wurden Farbmuster in der Größe von DIN A3 und DIN A4 erstellt. Um neben dem Farbton auch der Oberflächenstruktur gerecht zu werden, sind diese Farbmusterplatten auf einem gekörnten Untergrund mit Fassadenfarbe und eingefärbtem Putz ausgeführt. Somit entsprechen sie der natürlichen Oberflächenwirkung der Fassaden und bringen vor allem für den Nichtfachmann eine realistische Vorstellung der Farb-, Tonwert- und Strukturwirkung von Fassadenflächen (Abb. 1). Alle ausführenden Architekten und Handwerker erhielten als Orientierungshilfe eine Farbtonkarte mit den Fassadentönen.

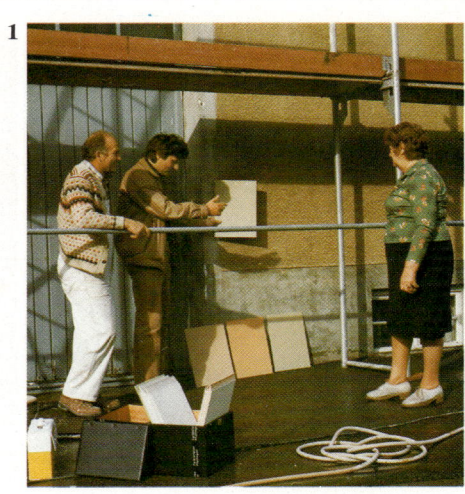

Empfehlung von anstrichtechnischen und gestalterischen Grundbegriffen für Fassaden

Putz und Stein als Anstrichuntergrund nehmen allgemein den wesentlichen Teil der Fassadenflächen ein. Bei der Anstrichauswahl auf mineralischen Untergründen ist ein Silikatfarbenanstrich (Mineralfarben) zu empfehlen, da er durch Haltbarkeit, Farbe und Oberfläche dem Charakter der örtlichen Architektur am ehesten entspricht. Sind die notwendigen Voraussetzungen beim Untergrund und sonstige Gegebenheiten nicht vorhanden, ist Organo-Silikatfarbe oder Dispersionsfarbe als Anstrichstoff zu befürworten. Als weitere Alternative sind mineralische Putze oder Kunststoffputze möglich. Kunststoffputze sollten wegen ihres Oberflächencharakters nicht für historisch wertvolle Bauwerke, sondern nur für Neubauten Verwendung finden.

Für Holz als Anstrichuntergrund ist wichtig, daß der ausgewählte Anstrichstoff technisch richtig angewandt wird. Es wird daher empfohlen, großflächige Holztore und Verkleidungen mit offenporigen Holzlasuren und gleichzeitigem Imprägnierschutz zu behandeln. Da farbige Lasuren an Altbauten weniger passend sind, sollte man sich auf Brauntonabstufungen beschränken.

Farbige, mit deckendem Anstrich versehene Holzteile sollten möglichst mit Ölfarbe oder hochelastischen Harzen, z. B. Alkydharzfarben, gestrichen werden. Auch Acryllacke haben sich bestens bewährt (Fachwerk).

Metallteile, sofern es sich nicht um Edelmetalle wie Kupfer oder Messing handelt, müssen mit einem ausreichenden Rostschutzanstrich versehen werden. Hierzu eignen sich Kunstharzlacke mit entsprechender Rostschutzgrundierung. Schmiedeeiserne Arbeiten sollte man nicht mit bunten Farben lackieren; hier ist es richtig, wenn die Farbe in dem Materialton des Eisens gehalten ist, z. B. Schwarz oder Anthrazit. Dasselbe gilt auch für das Absetzen von Tür- und Torbeschlägen.

Einige Werkproben (Abb. 2-4) zeigen eine material-, werkstoff- und handwerksgerechte Ausführung. Weiterhin sollen die Bauherren, Bürger, Handwerker und Architekten darauf hingewiesen und dafür gewonnen werden, auf die Details von Fassaden Wert zu legen. Denn diese Details, wie Fenster, Fensterläden, Türen, Tore, Dachrinnen, Abfallrohre, Geländer usw., sind von größter Wichtigkeit für die Gesamtarchitektur. Sie schmücken eine Fassade. Leider wurden diese Einzelteile in den letzten Jahrzehnten häufig unterbewertet, und durch übertriebene Modernisierungsmaßnahmen sind Fassaden in bezug auf ihre Architektur verstümmelt worden (vgl. Abb. 1–3, S. 117).

Alt – Neu im Stadtbild

Die bauliche Entwicklung der Stadt Pfullingen nach 1945 war geprägt von der Erschließung neuer Wohn- und Gewerbebetriebe in den Außenbereichen. Diese neuen attraktiven Wohngebiete wurden allerdings auch zunehmend zum Wohnplatz für Innenstadtbewohner, der gewachsene Stadtkern entvölkerte sich mehr und mehr. Viele Gebäude verfielen und wurden kaum noch benützt. Ein städtischer Rahmenplan mit den Schwerpunkten Verkehr, Neugestaltung des Stadtzentrums, Stadtbegrünung und Wohnen in der Innenstadt sollte langfristig für eine Aktivierung des Stadtkerns sorgen.

Der neue Marktplatz

Der Marktplatz mit dem Stadtbrunnen als traditioneller Treffpunkt der Bürger bildet ein Kernstück der Gesamtanlage. Die das Stadtbild prägenden historischen Bauten werden durch die Neubebauung zu einem städtebaulichen Ensemble verbunden. Neue Geschäftshäuser um den Marktplatz als formaler Kontrast zu den bestehenden Giebelhäusern bilden einen lebendigen Wechsel, der auch im Farbkonzept zum Ausdruck kommt (Abb. 1 u. 2 und S. 115, Abb. 2)

1 Blick vom Marktplatz in die Kirchstraße mit den Neubauten auf der linken und den Fachwerkhäusern auf der rechten Straßenseite.

2 Farbkonzept dargestellt im Grundriß. In der Architektur zeigt sich Alt und Neu jeweils seiner Zeit entsprechend; dies ist auch in der farbigen Gestaltung klar zum Ausdruck gebracht. Die Fassadenfarben sind aber so aufeinander abgestimmt, daß eine Farbharmonie vorhanden ist.

3 Farbentwurf des Sanierungsobjekts Kirchstraße. Die Ausführung erfolgte mit Temperafarben auf Grafikerkarton.

Architektur – Schrift

Die Stadt Pfullingen hat versucht, durch eine Satzung die Fassadenwerbung in Richtungen zu lenken, die dem Charakter des Ortes, der Architektur, den Bürgern und den Werbetreibenden entspricht.

Schriften an den Fassaden sollen mitteilen, informieren, werben. Außerdem haben sie eine gestalterische Funktion in bezug auf das Gebäude und die Straße und können Schmuck und Zierform sein. In den letzten Jahrzehnten hat sich die Fassadenwerbung jedoch meist verselbständigt; sie ist laut, aufdringlich und materialfremd geworden. Die gestalterischen Möglichkeiten wurden vernachlässigt.

Grundsätze einer Fassadenwerbung sind:
- Situation
- Größe der Schrift oder Zeichen
- Stand der Schrift oder Zeichen
- Charakter der Schrift oder Zeichen
- Tag- und Nachtwirkung
- technische Voraussetzung
- handwerkliche Ausführung
- formale und farbige Eingliederung
- Einfügung in die Gesamtarchitektur des Bauwerks
- Einfügung in das Straßenbild
- Beachtung aller benachbarten Elemente und Verbindung des Vorhandenen mit dem Neuen zu einer einheitlichen Form.

1 Entwurf eines Auslegers mit Schild für eine Metzgerei.

2 Farbentwurf des Schildes von Abb. 1. Schildform und Farbe ist dem Familienwappen entliehen. Das figürlich stilisierte Stierzeichen soll symbolhaft die handwerkliche Tätigkeit verdeutlichen.

3 Die örtliche Situation nach der Renovierung.

4 Fassadenwerbung, schmückend und funktional zugleich.

Lernzielkontrolle zu Kapitel 3

1. Wie kann die farbige Wirkung von Flächen an Körpern sein?
2. Erklären Sie den Unterschied zwischen neutraler und bunter Wirkung einer Fläche.
3. Welche Bedeutung hat die Umgebung für eine farbige Fläche?
4. Warum ist eine Farbe immer in bezug zu ihrer Umgebung zu sehen?
5. Wie verändert sich ein Raum optisch, wenn folgende Flächen sehr dunkel gestrichen werden, die restliche Fläche aber hell bleibt?
   a) Decke
   b) Rückwand
   c) Fußboden
   d) rechte und linke Seitenwand
6. Wie kann in einem Raum durch die Gestaltung der Flächen mit Formen in seiner Wirkung verändert werden?
7. Zur farbigen Gestaltung eines Raums bedarf es einer Raumanalyse. Nennen Sie die wesentlichen Punkte einer Raumanalyse.
8. Von welchen Faktoren ist die Wirkung einer Wand abhängig?
9. Wie kann die Rangordnung von Wandflächen in einem Raum verändert werden?
10. Nennen Sie Materialkontraste, wie sie in ihrer Oberflächenerscheinung für eine Innenraumgestaltung in Frage kommen.
11. Welche Bestandsaufnahmen sind notwendig, um ein Farbkonzept für einen Innenraum erstellen zu können?
12. Worauf ist bei einem Farbkonzept für einen Innenraum gestalterisch, psychologisch und technisch zu achten?
13. Wie können Farbkonzepte von Innenräumen und Fassaden verdeutlicht werden?
14. Welche Einrichtungsleitbilder unterscheidet man in der Innenraumgestaltung?
15. Nennen Sie die wesentlichen Punkte, die bei der farbigen Gestaltung einer Fassade zu beachten sind.
16. Wie können Farbkonzepte veranschaulicht und verdeutlicht werden?
17. Nennen Sie Fassadenteile, die als Anstrichträger auftreten.
18. Welche Kriterien sind zu beachten bei der Erstellung eines Farbkonzepts für Fassaden?
19. Welche Analysen sind zur Erstellung eines Farbleitplans für eine Straße durchzuführen?
20. Welche Merkmale und Qualitäten einer Dorflandschaft haben unabhängig von den früheren Lebensbedingungen heute noch Gültigkeit?
21. Zeigen Sie Kriterien auf, die zur Auswahl der Palette von Fassaden- und Schmuckfarben für den Farbleitplan eines Dorfes dienen können.

Aufgaben zu Kapitel 3

1. Mit vereinfachten Formen farbige Wirkungen an Fläche, Körper und Raum darstellen, z. B. neutrale, helle, dunkle, leicht farbige, farbige und bunte Wirkung.
2. Die Abhängigkeit einer Farbe von ihrer Umgebung verdeutlichen, indem man diese zu verschiedenfarbigen Flächen setzt.
3. Durch Übungen aufzeigen, wie ein Raum durch Tonwert und Farbe in seiner Wirkung optisch verändert wird. Die bei den ausgeführten Übungen entstandenen optischen Veränderungen schriftlich erläutern.
4. Mit Farbe oder Tonwert die Rangordnung von Wänden, Decke und Fußboden in einem Raum bestimmen. Die Übungen können in den verschiedensten Entwurfstechniken ausgeführt werden.
5. Gliederung von Wand- und Deckenflächen durch senkrechte, waagerechte, diagonale oder runde Formen. Mittels Vergleich die optische Veränderung beobachten und schriftlich erläutern.
6. Einen Raum durch Farbe oder Tonwert so gestalten, daß er in seiner Wirkung sich folgendermaßen verändert: kürzer, breiter, höher, niedriger, länger.
7. Einen Raum im Hell-Dunkel-Kontrast in verschiedenen Dunkelstufen ausführen.
8. Farbkompositionen für Innenräume nach Farbrichtungen erstellen, wie Gelb, Orange, Rot, Violett, Blau oder Grün. Die persönliche Empfindung formulieren, die die einzelnen Räume in ihren Farbrichtungen auf uns ausüben.
9. Durch farbige Gestaltung von Wänden aufzeigen, wie sich die Empfindungsachse im Raum verändert.
10. Wandgestaltung
    a) Mit Farbe und Material die Rangordnung der Wandflächen in einem Raum verändern.
    b) Raumablauf – Wandfolge durch verschiedene Materialien darstellen.
    c) Die Wegführung im Raum durch entsprechende Gestaltung mit Farbe und Material an Beispielen üben.
    d) Entwerfen von Ausstellungsständen, Verkaufsräumen und dergleichen, bei denen die Wegführung durch Farbe, Form und Material der Wände und des Fußbodens klar und eindeutig festgelegt ist.
11. Erstellen von Farb- und Materialplänen für einen Innenraum.
12. Erstellen von Materialklangbildern, die nach Kontrasten abgestimmt sind, glatt – rauh, glänzend – matt, hart – weich, hell – dunkel, Farbe – Nichtfarbe.
13. Anlegen einer Sammlung mit den verschiedensten Materialien, die zur Gestaltung von Innenräumen Verwendung finden, z. B. Holz, Textil, Metall, Glas, Kunststoff, Stein, Beton, Papier, Kork, Felle, Leder.
    Gliedern nach Eigenschaften, siehe Aufgaben Kapitel 2 Nr. 17.
14. Entwerfen eines Vordrucks, mit dem Farb- und Materialberatungen für Innenräume praxisorientiert durchgeführt werden können.
15. Farbentwürfe für Innenräume
    a) Bestandsaufnahme von Innenräumen durchführen,
    b) Farbkonzepte für Innenräume nach gestalterischen, psychologischen und technischen Richtlinien festlegen,
    c) Ideenskizzen für Innenräume erstellen,
    d) Farb- und Werkstoffpläne erstellen.
16. Veranschaulichung und Verdeutlichung von Farbkonzepten durch Fotos, isometrische oder perspektivische Darstellung, Modelle, Skizzen, Farbpläne, Farbleitpläne, Materialpläne, technische Vorschläge, schriftliche Begründung.
17. Erstellen von Farb- und Materialplänen für eine Fassade.
    a) Ausgangsmaterial z. B. Stein, Holz, Dachziegel.
    b) Erstellen des Farb- und Materialplans nach den gegebenen Mengenanteilen des Objekts.
    c) Beschriftung und Erläuterung des Farb- und Materialplans,
    d) Erläuterung der technisch handwerklichen Ausführung mit Materialangabe und Zeitaufwand.
18. Eine Sammlung von Materialien und technischen Oberflächenbehandlungen für die Fassadengestaltung anlegen, z. B. Putze, Natur- und Kunststeine, Beton, Holz, Kunststoff und Glas. Muster von den einzelnen Materialien in den verschiedenfarbigen Oberflächenbehandlungen, Farbtonkarten, Farbsysteme zusammenstellen.
19. Informationen über Fassadengestaltung aus Fachzeitschriften, Vorträgen, Fachbüchern und dergleichen sammeln.
20. Erstellen von Farb- und Materialplänen für Fassaden.
21. Ausführen von Farbentwürfen für folgende Fassaden:
    Wohnhaus, Geschäftshaus, öffentliche Gebäude wie Rathaus, Schulen, Kirchen, Gaststätten, Produktionsstätten, Fassaden aus den verschiedenen Stilepochen.
22. Farbleitplan für Straße, Dorf, Stadt erstellen.

4. Farbordnungen

4.1. Farbpsychologie

Farbpsychologie ist eine Humanwissenschaft und befaßt sich mit der Anwendung der Farbenlehre auf menschliche Bereiche. Die Psychologie ist die Lehre von seelischen Regungen, Funktionen und Erscheinungen. Verschiedene Bereiche anderer Wissenschaften, wie der Physiologie, Soziologie, Ästhetik und Symbolik, können in sie hineinspielen.

Bei der Farbgebung an Objekten (Innenraum, Außenraum, Industrieprodukte) ist es für den Handwerker und Gestalter von entscheidender Bedeutung, daß er die richtige Farbe und den geeigneten Grad von Farbigkeit für das Objekt und seinen Verwendungszweck wählt. Vor allem die Verhaltens- und Lebensweise der Menschen, die damit direkt oder indirekt in Berührung kommen, sind zu berücksichtigen.

Die Farbpsychologie spielt bei der Farbplanung eine große Rolle. Reaktion und Einstellung des Menschen zur Farbe sollten aufgrund wissenschaftlicher Erkenntnisse abgeschätzt und die Werte im Entwurf eingesetzt werden.
Wichtige Kenntnisse hierfür sind:
- Lieblingsfarben
- Farbwirkung
- Umweltkunde – Verhalten und Funktion
- Farbbedeutung
- Farbsymbolik
- Farbausdruck
- Stimmungswirkung
- Wahrnehmungsvorgang
- Farbmetrik

4.2. Farbsymbolik

Traditionelle kultische Farbsymbole

Zwischen kultischen und technischen Farbsymbolen ist zu unterscheiden.
Die kultischen Symbole für Farben entwickelten sich historisch im Rahmen der Gesamtkultur. In den verschiedenen Kulturkreisen haben sie deshalb oftmals unterschiedliche Bedeutung.

Farbbereich		Symbolische Bedeutung Assoziation	Wirkung auf Gefühl und Stimmung
	Gelb	Sonne, Licht, Erhabenheit, Eifersucht, Neid	anregend, befreiend, erleichternd, lebhaft, jugendlich, strahlend
	Orange	Sonnenglut, Energie, Freude, Wärme, Reife	freudig, bewegt, erwärmend, belebend, anregend, mitteilsam
	Rot	Feuer, Liebe, Leidenschaft, Kampf, Dynamik, Zorn, Kraft, Revolution	erregend, lebhaft, hitzig, aufreizend, laut, aktivierend, leidenschaftlich
	Purpur (Rotviolett)	Pracht, Würde, Macht, Alter, Reife, Reichtum	feierlich, würdevoll, erhaben, prächtig, gebietend
	Violett	Schatten, Alter, Glaube, Demut	zwiespältig, beschwerend, mystisch, verhüllt, feierlich, stumpf, unruhig
	Blau	Unendlichkeit, Atmosphäre, Sehnsucht, Kälte, Treue	ernsthaft, festigend, beruhigend, ausgleichend, abkühlend, sehnend
	Blaugrün (Türkis)	Kristall, Kälte, Eis, Starre, Wasser	abwartend, zurückhaltend, sehnend, gemütvoll
	Grün	Ruhe, Natur, Jugend, Geborgenheit, Sicherheit, Hoffnung	schlicht, vitalisierend, beruhigend, erfrischend, angenehm, naturhaft
	Weiß	Reinheit, Sauberkeit, Unschuld	blendend, zeitlos, erhebend, zurückhaltend, friedlich, feierlich, festlich, schwebend, zurückstrahlend
	Grau	Würde, Anmut	vornehm, trostlos, zeitlos, unentschieden
	Schwarz	Finsternis, Trauer, Tod	aufsaugend, traurig, feierlich, verunsichernd, würdig, beherrschend, friedlich

4.3. Technische Farbsymbolik

Mit den technischen Farbsymbolen nutzt man die Signalwirkung der Farbtöne und gibt durch auffällige farbige Markierungen Hinweise. Durch die Form (Verkehrszeichen) werden diese Hinweise noch gesteigert oder die Sicherheit verstärkt. Für unsere Umwelt benötigen wir bestimmte Ordnungsprinzipien, und diese müssen überall gleich sein. Hierzu gehören auch die Sicherheits- und Ordnungsfarben. Sie dienen in unserer Gesellschaft einem sicheren und rationellen Ablauf.

Für Deutschland gelten DIN 4844, Teil 1 (Begriffe, Grundsätze und Sicherheitszeichen) und Teil 2 (Sicherheitsfarben). Diese Norm umfaßt den Inhalt der EG-Richtlinie über Sicherheitskennzeichnung am Arbeitsplatz vom 25. 7. 1977 und deren Ergänzung vom 21. 6. 1979.

Sicherheitsfarben DIN 4844, Teil 2

Diese Norm gilt für Farben, die im Zusammenhang mit der Sicherheitskennzeichnung DIN 4844, Teil 1 und Teil 3 (z. Z. Entwurf) Verwendung finden.
Sicherheitsfarben sind Rot, Gelb, Grün und Blau mit den Kontrastfarben Weiß und Schwarz. In der praktischen Anwendung mit Körperfarben sind für jede Sicherheitsfarbe eine Sollfarbe und zwei Grenzfarben gemäß dem RAL-Farbenregister möglich. Damit der Farbton innerhalb der beiden Grenzfarben erhalten bleibt, sind Farben zu verwenden, die möglichst wenig nachdunkeln oder nachbleichen.

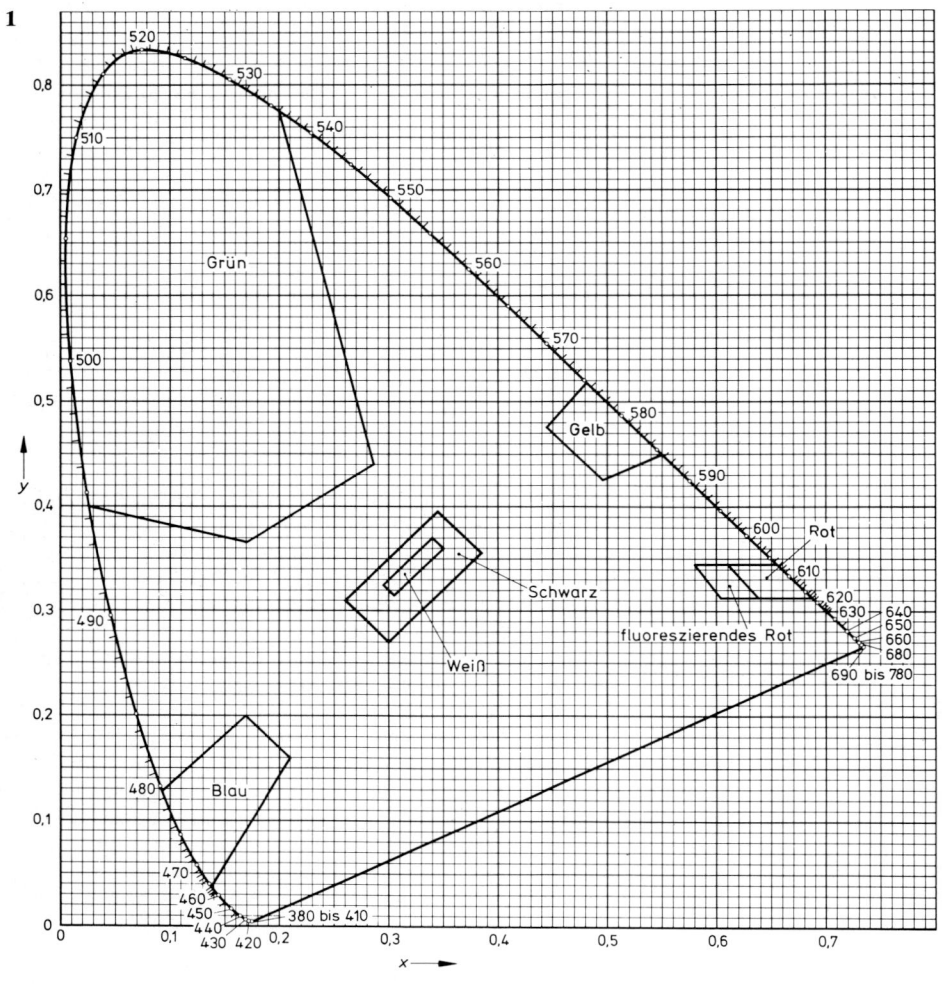

1 Farbmetrische Festlegung der Sicherheitsfarben für retroflektierende und nicht retroflektierende Körperfarben.

2 Um die Anwendung der Norm zu erleichtern, sind beispielhaft für die einzelnen Farbbereiche der Tabelle 1 repräsentative Mittenfarben ausgesucht worden, deren Kennzeichnung nach DIN 5033 und nach dem System der DIN-Farbenkarte DIN 6164 angegeben ist.

Sicherheitsfarbe/Kontrastfarbe		Farbmaßzahlen nach DIN 5033 Teil 3			Farbmaßzahlen nach DIN 6164 Teil 1					
Farbname	Kurzzeichen	x	y	$Y = A$	T	:	S	:	D
Rot	rt	0,636	0,329	7,5	7,5	:	8,5	:	3
Gelb	ge	0,491	0,470	49,9	2,5	:	6,5	:	1
Grün	gn	0,247	0,460	16,3	21,7	:	6,5	:	4
Blau	bl	0,154	0,150	5,2	16,7	:	7,2	:	3,8
Weiß	ws	0,313	0,329	82,6	N	:	0	:	0,5
Schwarz	sw	0,313	0,329	1,1	N	:	0	:	9

Sicherheitsfarbe	Bedeutung oder Aufgabe	Anwendungsbeispiele

Rot
Sollfarbe RAL 3000

Grenzfarben
RAL 2002
RAL 3002
Kontrastfarbe Weiß

- Halt! Unmittelbare Gefahr
- Verbot
- Notausschalteinrichtungen
- Brandbekämpfung

Verbotszeichen
Rauchen verboten

Gelb
Sollfarbe RAL 1004

Grenzfarben
RAL 1012
RAL 1007
Kontrastfarbe
Schwarz

- Vorsicht! Mögliche Gefahr
- Hinweis auf Gefahren wie Feuer, Explosion, Strahlen und chemische Einwirkungen
- Kennzeichnung von Schwellen, gefährlichen Durchlässen, Hindernissen

Warnzeichen
Warnung vor feuergefährlichen Stoffen

Grün
Sollfarbe RAL 6001

Grenzfarben
RAL 6010
RAL 6002
Kontrastfarbe Weiß

- Gefahrlosigkeit
- Erste Hilfe
- Kennzeichnung von Rettungswegen und Notausgängen

Rettungszeichen
Erste Hilfe

Blau
Sollfarbe RAL 5010

Grenzfarben
RAL 5007
RAL 5002
Kontrastfarbe Weiß

- Gebotszeichen
- Hinweise oder Unterrichtung
- Verpflichtung zum Tragen einer persönlichen Schutzausrüstung

Gebotszeichen
Augenschutz tragen

Sicherheitszeichen DIN 4844, Teil 1

Die Sicherheitszeichen sollen die Erkennbarkeit und Wirkung der Sicherheitsfarben unterstützen. Sie haben die Form geometrischer Figuren.

Geometrische Form	Bedeutung
○	Gebots- und Verbotszeichen
△	Warnzeichen
▭ ▭	Rettungs-, Hinweis- und Zusatzzeichen

4.4. Kennfarben nach DIN 2403

Kennzeichnung von Rohrleitungen nach dem Durchflußstoff DIN 2403.
Rohrleitungen werden nach dem Durchflußstoff durch farbige Schilder gekennzeichnet. Die Schilder enthalten die Bezeichnung des Durchflußstoffes oder ein hierfür festgelegtes Kennzeichen. Die Rohrleitungen werden im allgemeinen neutral gestrichen.

Übersicht nach DIN 2403

Farbe der Gruppe	Durchflußstoff	Gruppe
Grün RAL 6018	Wasser	1
Rot RAL 3000	Dampf	2
Grau RAL 7001	Luft	3
Gelb RAL 1021	brennbare Gase einschließlich verflüssigte Gase	4
Gelb RAL 1012 m.Schwarz RAL 9005	nichtbrennbare Gase einschließlich verflüssigte Gase	5
Orange RAL 2003	Säuren	6
Violett RAL 4001	Laugen	7
Braun RAL 8001	brennbare Flüssigkeiten	8
Braun RAL 8001 m.Schwarz RAL 9005	nichtbrennbare Flüssigkeiten	9
Blau RAL 5015	Sauerstoff	0

Beispiele der Kennzeichnung am Schild

Es bedeuten:
Spitze rechts:
Durchflußrichtung nach rechts

Spitze links:
Durchflußrichtung nach links

Spitze beiderseits:
Durchflußrichtung wechselseitig

4.5. Farbregister RAL 840 H

Herausgeber

RAL, Ausschuß für Lieferbedingungen und Gütesicherung, Frankfurt/Main.

Allgemeines

Der RAL ist das zentrale Organ der deutschen Wirtschaft für den Güteschutz. Im Kuratorium des RAL sind die Spitzenverbände der Wirtschaft und die zuständigen Bundesministerien vertreten. Eine Sonderaufgabe des RAL dient der Rationalisierung im Bereich der Farben. Das Ziel, Einsparungen aller Art in allen Zweigen der Farbenbranche zu ermöglichen, wird erreicht, wenn die gesamte farbenerzeugende, farbenhandelnde und farbenverbrauchende Wirtschaft für den immer wiederkehrenden Bedarf anstatt mit einer unwirtschaftlichen Vielzahl von Farbabstufungen vorwiegend mit einer beschränkten Auswahl bestimmter, stets gleichbleibender Farben ökonomisch arbeiten kann, und zwar anhand der stets gleichbleibenden Farbmuster des RAL-Farbregisters.

Zweck des RAL-Farbregisters

Das RAL-Farbregister ist nicht auf wissenschaftlicher Farbsystematik aufgebaut. Es ist eine aus der Praxis entstandene Sammlung und Darstellung derjenigen Farben, die auf zahlreichen Gebieten der Wirtschaft, vor allem von den großen Bedarfsträgern (Bahn, Post, Polizei, Feuerwehr, Sanitätsdienst usw.) für den Anstrich von Fahrzeugen, Maschinen, Verkehrsschildern usw. vorwiegend angewendet werden und für die daher zuverlässig gleichbleibende Farbmuster notwendig sind. Mit ca. 150 RAL-Farben ist eine breite Auswahlmöglichkeit gegeben.
Die Registerkarten mit den Original-Mustern der RAL-Farben sind somit eine rationelle Arbeitsgrundlage für die Praktiker des Lack- und Farbenfaches. Der Farbenfächer kann auch in anderen als ursprünglich vorgesehenen Anwendungsbereichen bei der Farbwahl zugrunde gelegt werden.

Vorteile des RAL-Farbregisters

- Einfache vierstellige Numerierung der registrierten Farben erleichtert die Übersicht und die Verständigung im Geschäftsverkehr und schließt Verwechslungen aus.
- Wird z. B. die Farbe »RAL 3014« gewählt und bestellt, ist eine Bemusterung überflüssig. Der Lieferant richtet sich nach der eigenen Registerkarte RAL 3014.
- Wiederkehrender Bedarf kann überall leicht erworben werden.
- Für Handwerk und Industrie sind die Farben gleich.
- Zur Erleichterung der Verständigung können die für die einzelnen RAL-Farben festgelegten RAL-Hilfsbezeichnungen verwendet werden, z. B. RAL 3000 Feuerrot.
- Die genügend großen Farbmuster unmittelbar am Rande der Registerkarten gewährleisten einen sicheren Farbvergleich bei der Abnahme und Nachprüfung auf Farbübereinstimmung.
- Rationell für farbenerzeugende, farbenhandelnde und farbenverbrauchende Wirtschaft.
- Für Farbberater, Handwerker und Kunde ist RAL 840 HR eine klare Verhandlungsbasis.

Nachteile des RAL-Farbregisters

- Die Farbauswahl ist zu gering für individuelle Wünsche.
- Das Farbkonzept ist nicht logisch nach einem Farbsystem aufgebaut.
- Gefahr der Vereinheitlichung in bezug auf die farbige Gestaltung unserer Umwelt.

Numerierung der RAL-Farben

Reihe	Farbe
RAL 1000	Gelb
RAL 2000	Orange
RAL 3000	Rot
RAL 4000	Lila/Violett
RAL 5000	Blau
RAL 6000	Grün
RAL 7000	Grau
RAL 8000	Braun
RAL 9000	Weiß/Aluminium/Schwarz

Sonderfarbenreihen
RAL-F7 Reflexfarben
RAL-F81 Farben im Straßenverkehr

4.6. DIN-Farbenkarte

Allgemeines

Verbale Farbbenennungen von visuellen Eindrücken sind sehr unzuverlässig. Eindeutige Verständigungsunterlagen mit entsprechender Visualisierung sind daher notwendig. Das Ziel farbmetrisch eindeutig definierter und visuell gleichmäßig gestufter Farbreihen ist mit dem Farbsystem nach DIN 6164 erreicht.

Herausgeber

DIN Deutsches Institut für Normung e.V. Berlin
DIN 6164 Deutsche Norm, Teile 1 bis 3, Beiblatt 1–25 (Muster mit matter Oberfläche).

Beiblatt 101–125 (Muster mit glänzender Oberfläche) auch als Farbmusterkarten im Format A5 erhältlich.

Aufbau

Dieses Farbsystem basiert auf 24 Bunttönen (24teiliger Farbtonkreis) und deren Varianten, die sich nach ihrer Bunttonzahl, Sättigungsstufe und Dunkelstufe ordnen. Dadurch sind die Farben sowohl visuell beschreibbar als auch exakt definiert und nehmen damit überprüfbare Positionen in den Farbskalen ein.
Man findet mit Hilfe der DIN-Farbenkarte die Farben durch visuellen Vergleich rasch und kann sie in den Farbraum einordnen. Wer es noch genauer wissen muß, benutzt die definierten Farbmeßzahlen der Farbmetrik und ihre eindeutige Umschlüsselung in das anschauliche Farbzeichen T:S:D.

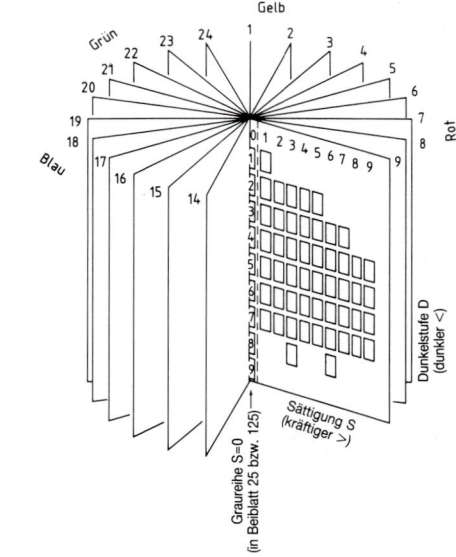

1 Das Schema der DIN-Farbenkarte als Zylinder dargestellt. Die Bunttöne 10 bis 13 fehlen, um die Aufsicht auf Buntton 9 zu ermöglichen.

Bunttonzahl T

Die Bunttonzahl T bezieht sich auf eine 24teilige Folge von Bunttönen und entspricht dem 24teiligen Farbtonkreis. Sie beginnt bei Gelb (T = 1) und schreitet über Orange (T = 5), Rot (T = 7), Purpur (T = 10), Blau (T = 17) fort, bis das Gelb wieder erreicht ist.

Sättigungsstufe S

Farben verschiedenen Bunttons, aber gleicher Dunkelstufe, die gleichgesättigt erscheinen, ist die gleiche Sättigungsstufe S zugeordnet.

Dunkelstufe D

Als Maßzahl für die Helligkeit wird die Dunkelstufe D benutzt. Die hellstmögliche Farbe jeder durch T und S gegebenen Farbart erhält die Dunkelstufe D = 0. Das ideale Schwarz hat die Dunkelstufe D = 10. Die Reihen der Bunttonzahlen, der Sättigungs- und Dunkelstufen sind annähernd gleichabständig gestuft.

Kennzeichnung T:S:D

Zur Kennzeichnung einer Farbe werden die Farbmeßzahlen zu einem Farbzeichen T:S:D zusammengefaßt, z. B. für eine Farbe der Bunttonzahl 17 (Blau), der Sättigungsstufe 5 und der Dunkelstufe 2 zu 17:5:2.
Unbunte Farben (Weiß, Grau, Schwarz) haben die Sättigungsstufe S = 0, daher läßt sich kein Buntton angeben. Anstelle der Bunttonzahl wird der Buchstabe N für neutral eingesetzt. Das Farbzeichen für Grau der Dunkelstufe D = 3 lautet z. B. N:0:3.

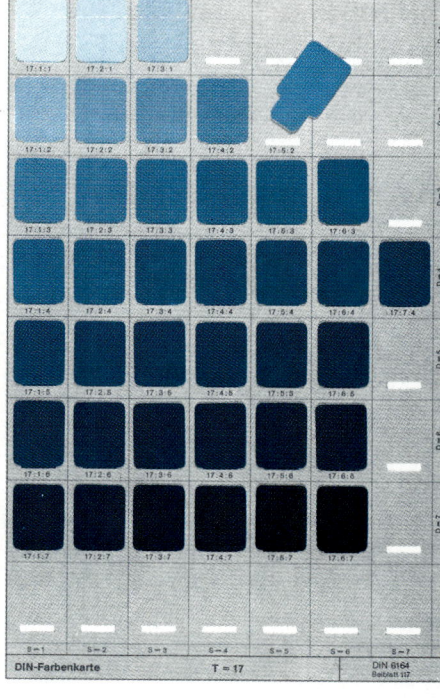

2 Farbtonebene aus der DIN-Farbenkarte. Von oben nach unten zunehmende Dunkelstufen; von links nach rechts zunehmende Sättigungsstufen.

4.7. NCS – Natural Colour System

Allgemeines

NCS ist das Ergebnis der Forschungsarbeiten, die seit 1964 durch die Stiftung Schwedisches Farbzentrum von Wissenschaftlern unter Führung von Anders Hård durchgeführt worden sind. Es baut auf den Theorien des deutschen Physiologen Ewald Hering auf.

Herausgeber

SIS – Schwedische Standardisierungskommission, Stockholm, Schweden
CRB – Schweizerische Zentralstelle für Baurationalisierung, Zürich

Aufbau

Das NCS baut auf der Erkenntnis auf, daß der Mensch sechs Grundfarben als reine Farben empfindet. Es sind dies die bunten Grundfarben Gelb, Rot, Blau und Grün sowie die unbunten Grundfarben Weiß und Schwarz (Abb. 1).

Merkmale, welche die Farbordnung bestimmen, sind der Farbton, der Vollfarbenanteil und der Schwarzanteil. Der Vollfarbenanteil kann aus Anteilen einer oder zweier reiner, bunter Grundfarben bestehen als Gelb-, Rot-, Blau-, Grünanteil oder als Gelb-Rot-, Rot-Blau-, Blau-Grün- oder Grün-Gelbanteil. Alle Farbanteile müssen dabei als Empfindungswerte und nicht als Mischungsanteile gesehen werden.
Der Bunttonkreis ist zuerst durch die vier empfindungsgemäß festgelegten bunten Grundfarben Gelb, Rot, Blau und Grün bestimmt und in vier Quadrante geteilt. Zwischen zwei Grundfarben sind je neun weitere Bunttöne eingefügt, so daß im Bunttonkreis 40 reine Bunttöne enthalten sind (Abb. 2 und 3).

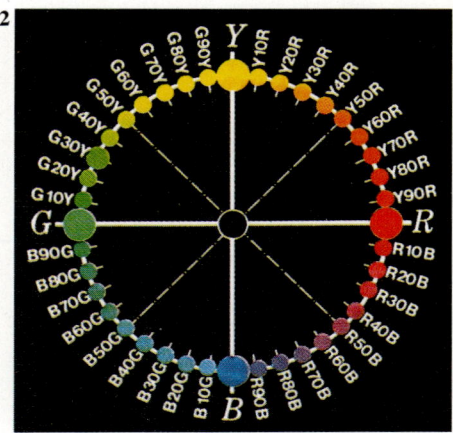

Farbkreis aus dem NCS-Farbatlas

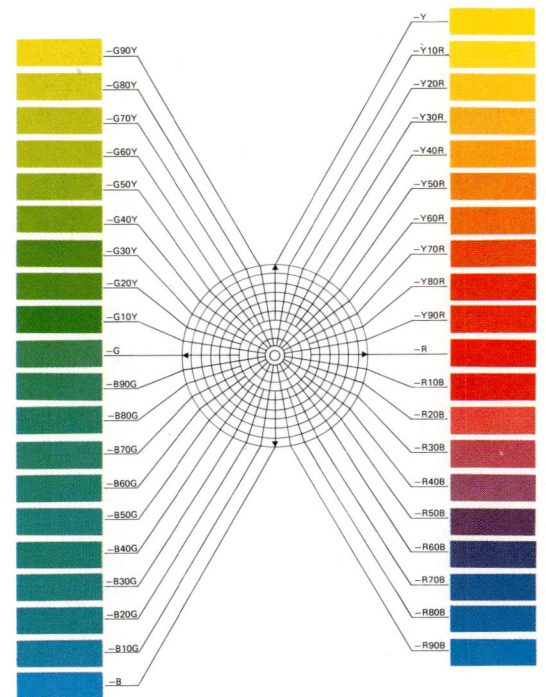

NCS-Farbkörper

Der NCS-Farbkörper, ein Doppelkegel in einer dreidimensionalen Darstellung. In ihm erhält jede Farbe einen bestimmten Platz im Verhältnis zu allen anderen Farben.

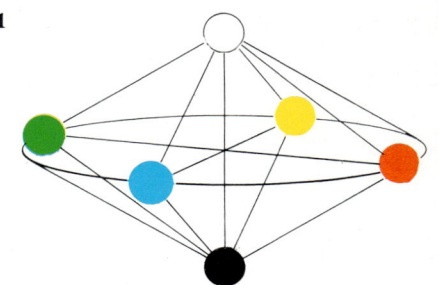

NCS-Farbdreieck

Der NCS-Farbatlas enthält je ein Farbdreieck zu den 40 im Farbkreis dargestellten Vollfarben. Die Farbdreiecke stellen radiale Schnitte durch den Farbkörper dar. Die rechte Ecke C des Dreiecks (C = colour, für eine beliebige Farbe) stellt die Vollfarbe des betreffenden Bunttons dar: Sie ist weder mit Weiß noch mit Schwarz verwandt. Die obere Ecke W entspricht einem reinen Weiß und die untere Ecke S einem reinen Schwarz.

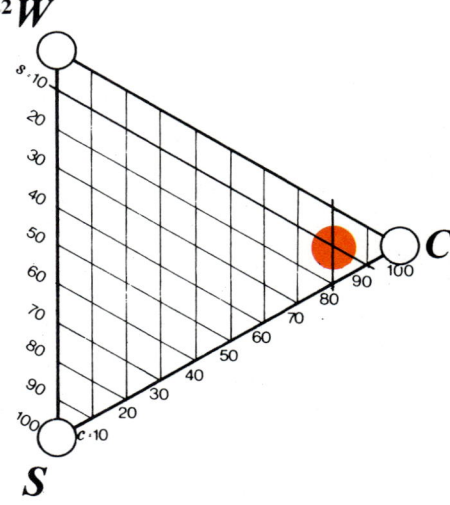

Kennzeichnung

Zwei Angaben sind erforderlich, um die Nuance einer Farbe zu bestimmen. Die Skalen des Farbdreiecks sind dazu in hundert Teile eingeteilt (Abb. 2). Die Bunttonskala gibt den Grad der Verwandtschaft mit der Vollfarbe an (Buntanteil = c).
Die Schwarzanteilskala stellt die Verwandtschaft mit Schwarz dar (Schwarzanteil = s). Den Grad der Verwandtschaft mit Weiß braucht man begreiflicherweise nicht anzugeben. Wenn Buntanteil und Schwarzanteil in Prozenten angegeben sind, stellt der Weißanteil (w) den Rest dar.
Bei Vollfarben, wo s = 00 und c = 100 ist, wird die vierstellige Kennzahl durch die Initiale C ersetzt.
Weißanteil: bestimmt durch die Beziehung w + s + c = 100 ⌀ = Buntton.
Die bunten Grundfarben werden durch die Initialen Y (Yellow) für Gelb, R für Rot, B für Blau, und G für Grün gekennzeichnet. Die 36 jeweils zwischen zwei Grundfarben liegenden Bunttöne sind durch deren Initialen und eingefügte Kennzahlen von 10–90 bezeichnet.
Unbunte Farben werden durch S für den Schwarz- und C = 00 für den Vollfarbenanteil gekennzeichnet, die unbunten Grundfarben Weiß und Schwarz durch W und S. Farbzeichen für bunte Farben ist SC – ⌀, für unbunte Farben SC.
Zusätzlich zum Farbatlas bietet NCS ein ganzes Programm praktischer Hilfsmittel an, u. a. in Form von Farbmustern und Farbmustersammlungen zu unterschiedlichen gestalterischen Zwecken. Die Farbmuster sind in Formaten von A2 bis A9 erhältlich.

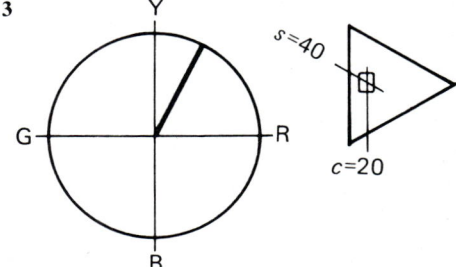

Buntton s = Schwarzanteil
c = Bunttonanteil

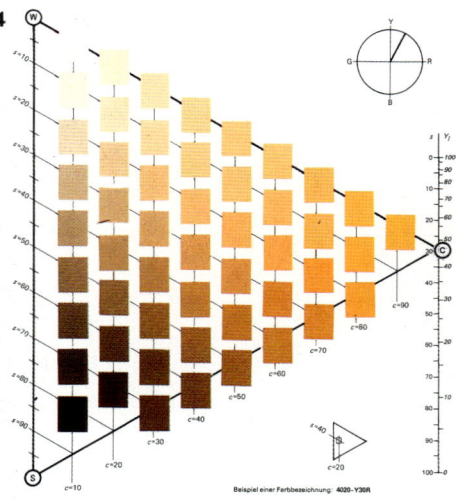

Farbbezeichnung = 4020-Y30R

4.8. ACC-Farbsystem
Acoat Color Codification

Herausgeber   Akzo Coatings, Amstelveen, Holland

Aufbau

Im ACC-System werden Farben nach den drei Grundeigenschaften Farbton, Sättigung und Helligkeit farbmetrisch und empfindungsgemäß bestimmt, geordnet und gekennzeichnet. Um diese drei Grundeigenschaften anschaulich darzustellen, bedient sich das ACC-System eines Zylinders (Abb. 1).

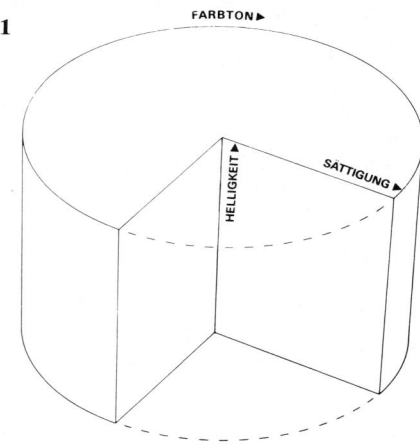

Farbton

Der Farbton ist die erste der drei unmittelbar wirkenden Eigenschaften einer bunten Farbe. Kennzeichen der Art der Buntheit einer Farbe sind die qualitativ bestimmten Empfindungsgrößen Rot, Orange, Gelb, Grün, Blau, Violett, Purpur und deren Zwischenwerte. Die empfindungsgemäß fortlaufende Aneinanderreihung von Farbtönen ergibt einen Farbkreis.
Farben, die keinen Farbton aufweisen, werden unbunte oder neutrale Farben genannt, wie Weiß, Grau, Schwarz sowie gewisse metallische Farben.
Im ACC-System ist der Farbkreis in 24 Farbtonbereiche unterteilt, die mit Buchstaben bezeichnet werden (Abb. 2).

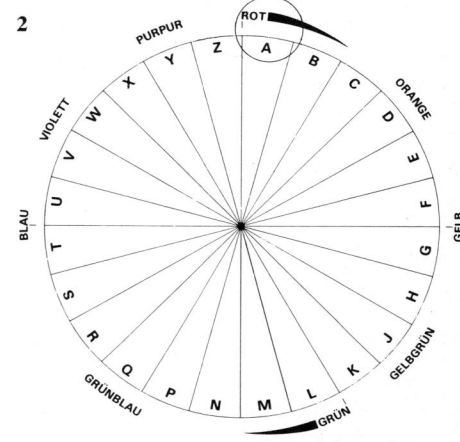

Sättigung

Die Sättigung ist die zweite der drei unmittelbar wirkenden Eigenschaften einer bunten Farbe, der Grad der Buntheit einer Farbe.
Unbunte Farben können keine Sättigung haben, weil sie keinen Farbton aufweisen. Der Grad der Buntheit einer bunten Farbe ist bestimmt durch den Abstand zu den unbunten Farben.
Die Sättigungskennzeichnung SC wird durch zweistellige Ziffernkombinationen von 00 bis 99 dargestellt. 99 steht für höchstmögliche Sättigung. 00 steht für unbunte Farben, die keine Sättigung aufweisen.

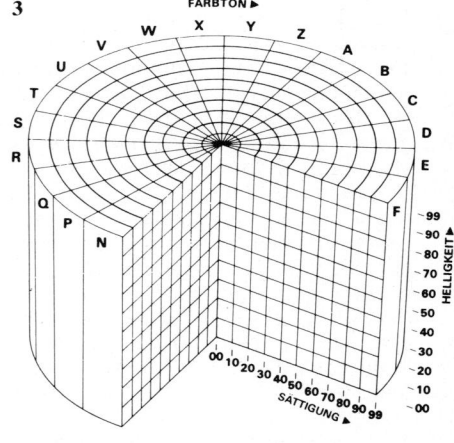

Helligkeit

Die Helligkeitsbezeichnung LC wird ebenfalls durch zweistellige Ziffernkombinationen von 00 bis 99 dargestellt. 99 steht für höchstmögliche Helligkeit, 00 steht für geringstmögliche Helligkeit oder höchstmögliche Dunkelheit.

Kennzeichnung

Jede Farbe erhält im ACC-System eine Gesamtkennzeichnung, die aus einer Kombination der Einzelkennzeichnungen der drei Eigenschaften besteht: HC, SC, LC (Farbton, Sättigung, Helligkeit, Abb. 3).

Lernzielkontrolle zu Kapitel 4

1. Mit welchen Aufgaben befaßt sich die Farbpsychologie?
2. Warum ist bei einer farbigen Gestaltung von Objekten die psychologische Wirkung der Farbe auf den Menschen besonders zu beachten?
3. Welche Bereiche der Farbpsychologie sind zu beachten, wenn man mit Farbe gestaltet?
4. Welche symbolische Bedeutung haben folgende Farben?
   a) Gelb
   b) Rot
   c) Blau
   d) Grün
   e) Schwarz
5. Wie wirken folgende Farben auf das Gefühl und die Stimmung des Menschen?
   a) Orange
   b) Purpur
   c) Grün
   d) Weiß
   e) Grau
6. Welche Aufgabe haben die nach DIN 4844 festgelegten Sicherheitsfarben?
7. Welche Bedeutung haben folgende Sicherheitsfarben?
   a) Rot RAL 3000 Kontrastfarbe Weiß
   b) Gelb RAL 1004 Kontrastfarbe Schwarz
   c) Grün RAL 6001 Kontrastfarbe Weiß
   d) Blau RAL 5010 Kontrastfarbe Weiß
8. Welche Kontrastfarben gehören zu den folgenden Sicherheitsfarben?
   a) Rot
   b) Gelb
   c) Grün
   d) Blau
9. Wie werden Rohrleitungen nach dem jeweiligen Durchflußstoff gekennzeichnet?
10. Welche Farbe wird zur Kennzeichnung von Rohrleitungen mit folgendem Durchflußstoff verwendet?
    a) Wasser
    b) Dampf
    c) Luft
    d) Säuren
    e) brennbare Flüssigkeiten
    f) Vakuum
11. Welche Aufgabe haben die Sicherheitszeichen nach DIN 4844?
12. Welche Aufgabe soll das Farbregister RAL 840 HR erfüllen?
13. Nennen Sie die Vor- und Nachteile des Farbregisters RAL 840 HR.
14. Welche Farbreihe hat im Farbregister RAL 840 HR die Numerierung
    a) RAL 1000
    b) RAL 2000
    c) RAL 3000
    d) RAL 4000
    e) RAL 5000
    f) RAL 6000
    g) RAL 7000
    h) RAL 8000
    i) RAL 9000
15. Wie ist die DIN-Farbenkarte aufgebaut?
16. Auf welchen Erkenntnissen ist das NCS-Natural Colour System aufgebaut?
17. Wie wurde das NCS-Natural Colour System entwickelt?
18. Wie ist das ACC-Farbsystem aufgebaut?

Kontrollvergleiche

Zu Kapitel 1

1. Farbe ist ein durch das Auge vermittelter Sinneseindruck, eine optische Erscheinung.
2. Physiologie, Physik, Chemie, Psychologie, Ästhetik.
3. Hell-Dunkel-Sehen, Sehen der bunten Farben, Sehen von Nachbildern.
4. Das Auge ist der Sehapparat des Menschen und dient zur Wahrnehmung von Licht- und Bildreizen.
5. Die Pupille erweitert sich bei Dunkelheit und verengt sich bei Helligkeit.
6. Die Linse kann unterschiedliche Krümmungen annehmen und somit ihre Brennweite verändern. Nahe und ferne Gegenstände erscheinen jeweils als scharfes Bild auf der Netzhaut.
7. Stäbchen und Zapfen.
8. Von allen Gegenständen gehen bei genügender Belichtung Lichtstrahlen aus. Sie gelangen durch die Linse und ergeben mit deren Hilfe ein Bild auf der Netzhaut. Diese Licht- und Farbeindrücke werden von den Millionen Stäbchen und Zapfen verarbeitet und über den Sehnerv als Nervenerregung an das Gehirn weitergeleitet.
9. Lichtstrahlen, ultraviolette Strahlen, Röntgenstrahlen, Gammastrahlen, Infrarotstrahlen, Mikrowellen, Ultrakurzwellen, Kurzwellen, Mittelwellen, Langwellen.
10. Lichtstrahlen.
11. Lichtstrahlen sind elektromagnetische Schwingungen, die sich in Wellenbewegung (ähnlich den Wellen des Wassers) mit der Geschwindigkeit von 300 000 km/s im Raum ausbreiten.
12. Läßt man einen Lichtstrahl durch ein Glasprisma fallen, wird dieser zweimal gebrochen (einmal beim Übergang von Luft in Glas, das zweite Mal beim Übergang von Glas in Luft). Fängt man den gebrochenen Lichtstrahl auf einem weißen Schirm auf, kann man ein leuchtendes Farbband beobachten, bei dem die Farben Rot, Orange, Gelb, Grün, Blau und Violett wie beim Regenbogen deutlich zu erkennen sind.
13. Sonne, Glühlampen, Leuchtstoffröhren und brennende Gegenstände.
14. a) Violett
    b) Rot
15. Rot, Orange, Gelb, Grün, Blau, Violett.
16. Additive Farbmischung.
17. Rot, Grün, Violett.
18. Spektrum.
19. Spektralfarben.
20. Körper besitzen die Eigenschaft, bestimmte Spektralfarben zu absorbieren und andere zu reflektieren. Da für das Sehen Licht erforderlich ist und dieses ins Auge gelangen muß, hängt das farbige Aussehen eines Körpers von den Spektralfarben ab, die dieser reflektiert.
21. Gerichtete Reflexion und diffuse Reflexion.
22. Schwarzes Aussehen
23. Die Oberfläche des Körpers hat eine solche molekulare Zusammensetzung, daß sie das im Sonnenlicht enthaltene Rot reflektiert und alle anderen Spektralfarben absorbiert.
24. Subtraktive Farbmischung.
25. Gelb, Rot, Blau.
26. Die Farbmetrik stellt sich die Aufgabe, mit entsprechenden technischen Geräten die Farbe durch Messung nach Farbton, Helligkeit und Sättigung physikalisch-mathematisch genau festzulegen und mit Zahlenwerten auszudrücken.
27. CIE-Farbtafel DIN 5033.
28. Mit einem Meßgerät wird festgestellt, wie stark die drei Reizzentren Rot, Grün und Blau von einer Farbe angesprochen werden. Man erhält drei Werte mit den Symbolen x = Rotanregung, y = Grünanregung und z = Blauanregung.
    $x + y + z = 1$
    Mit Hilfe von Farbenkarten lassen sich die Farbmeßzahlen übersetzen.
29. Nach Farbton, Helligkeit und Sättigung.
30. Gelb, Rot, Blau
    Orange, Violett, Grün
    Rotgrau, Blaugrau, Gelbgrau.
31. Gelb, Orange, Rot, Violett, Blau, Grün.
32. Gelb, Gelborange, Orange, Rotorange, Rot, Rotviolett, Violett, Blauviolett, Blau, Blaugrün, Grün, Gelbgrün.
33. Gelb – Violett
    Rot – Grün
    Blau – Orange
34. Helligkeit, Farbton, Sättigung.
35. Wenn zwischen zwei oder mehreren Farbtönen deutliche Unterschiede von Farbwirkungen oder Intervallen festzustellen sind.
36. Zur Darstellung des Farbe-an-sich-Kontrastes sind reine hochgesättigte Farben, wie die Primär- und Sekundärfarben, am wirksamsten. Der Kontrast hat das Merkmal des Bunten.

37. Der Hell-Dunkel-Kontrast ist der umfangreichste und für die Gestaltung wichtigste Kontrast. Schwarz-Weiß ist der stärkste Pol, die daraus mischbaren Grautöne sind sehr umfangreich. Hinzu kommen die Vollfarben, die zueinander in ihrer Helligkeit unterschiedlich sind. Außerdem können die Vollfarben durch Weiß nach Hell und durch Schwarz nach Dunkel verändert werden.
38. Gelb ist hellster und Violett ist dunkelster Farbton.
39. Grau kann aus Schwarz und Weiß oder aus Gelb, Rot und Blau oder aus jedem komplementären Farbenpaar gemischt werden.
40. Bunt, laut, kraftvoll und entschieden.
41. Ergänzungsfarbe ist eine Komplementärfarbe. Wenn zwei Körperfarben in ihrer Mischung ein neutrales Grauschwarz ergeben, handelt es sich um Komplementärfarben. Zu jeder Farbe gibt es nur eine komplementäre Farbe, die Ergänzungsfarbe. Der Farbtonkreis ist nach den Ergänzungsfarben angelegt; diese stehen sich im Farbtonkreis immer polar gegenüber.
Bei den Lichtfarben sind zwei Lichter, die – miteinander vermischt – weißes Licht ergeben, komplementär.
42. Grauschwarz (Graubraun).
43. Gelb : Violett
Blau : Orange
Rot : Grün
44. Den Eindruck des Lebhaften, Vollständigen, Abgeschlossenen, Stabilen.
45. Der Komplementärkontrast betrifft die Beziehung und Wirkung von zwei Farben, die im Farbton die größte Verschiedenheit zueinander haben. Diese beiden Farben fordern sich gegenseitig und steigern sich zu höchster Leuchtkraft. Der Charakter des Bunten tritt auf. Die Gegenfarbenpaare wirken stabil. Bei der Mischung vernichten sich jedoch die beiden Farben, und es entsteht ein neutrales Grau.
46. Schattig – sonnig
fern – nah
luftig – erdig
feucht – trocken
beruhigend – erregend
47. Quantität heißt Menge, zahlenmäßige Größe. Der Quantitätskontrast bezieht sich deshalb auf die Ausdehnungsgröße von zwei oder mehreren Farbflächen zueinander.
48. Proportionskontrast, Mengenkontrast.
49. Gelb 3
Orange 4
Rot 6
Violett 9
Blau 8
Grün 6
50. Durch Zugabe von Weiß, Schwarz, Grau oder der Komplementärfarbe.
51. Durch die Zugabe von Weiß wirkt der Farbton heller, kühler, hellklar,
durch die Zugabe von Schwarz wirkt der Farbton dunkler, trüb, stumpf,
durch die Zugabe von Grau trüb, blind, neutral,
durch die Zugabe der Gegenfarbe gebrochen, vergraut, trüb.
52. Durch Zugabe von Weiß, Grau, Schwarz oder der Gegenfarbe.
53. Heller, dunkler, reiner, stumpfer, wärmer, kälter.
54. Simultan heißt gleichzeitig oder wechselseitig. Der Simultankontrast befaßt sich mit der dauernden Beeinflussung der Farben im Nebeneinander.
55. Sukzessiv heißt allmählich, nach und nach. In der Farbenlehre bezieht sich sukzessiv auf die Nachbilder, die wir bei intensiver Betrachtung einer Farbe wahrnehmen.
56. Bei längerem Betrachten einer Farbe verbrauchen sich in den Sehzellen die gereizten Modulatoren oder die angesprochenen Substanzen. Diese fehlen anschließend an den betreffenden Stellen, und es entsteht ein Nachbild.
57. Der Flimmerkontrast tritt auf zwischen zwei Farben gleicher oder ähnlicher Helligkeit oder Dunkelstufe. Das Flimmern erscheint dort, wo beide Farben aneinandertreffen.
58. Es entsteht der Eindruck, daß die beiden Farben miteinander streiten; sie sind gleichwertig in ihrer Kraft. Keine dieser Farben ordnet sich unter, sondern führt einen Wettstreit, der von unserem Sehorgan als Flimmern, Vibrieren oder Zittern wahrgenommen wird.
59. Durch Herstellen von mittleren Helligkeitswerten zwischen anvisiertem Objekt und Umfeld, Kontrastfarbigkeit zwischen Objekt und Umfeld, Vermeiden intensiver Buntwirkungen.
60. Durch Verändern einer Farbe in ihrer Intensität und durch Herstellen des Hell-Dunkel-Kontrastes.
61. Farbe-an-sich-Kontrast
Hell-Dunkel-Kontrast
Komplementärkontrast
Kalt-Warm-Kontrast
Quantitätskontrast
Sättigungskontrast
Simultankontrast
Sukzessivkontrast
Flimmerkontrast

Zu Kapitel 2

1. Art des Materials – Farbmittel, Bindemittel, Lösungsmittel und Zusatzstoff, Werkzeuge, Untergrund, Anordnung, Größe, Technik und das persönlich Kreative.
2. Nach Bindemittel, Farbmittel, Verdünnungsmittel, Untergrund, technischer Ausführung, Anstrich- oder Malmittel, Werkzeug.
3. Techniken mit wässerigen, öligen, harzartigen und mineralischen Bindemitteln, Dispersionen.
4. Farbstift, Pastellstift, Aquarellfarben, Leimfarben, Temperafarben, Kaseinfarben.
5. Aquarell- Retusche-, Borsten-, Schreib-, Firnis-, Ring- und Schablonenpinsel.
6. Farbstift, Pastellkreide, Ölkreide, Wachskreide, Filzschreiber, Markierstift, Pinsel-Marker, Layout-Marker.
7. Aquarell-, Leim-, Tempera-, Dispersions- und Silikattechnik.
8. Layout- und Markerpapier, Transparentpapier, Zeichenpapier, Aquarellpapier und Kartons.
9. Zeichenpapier, Tonpapier, Malpappe, Kartons, Aquarellpapier und -kartons.
10. Durch Übungen kann die Phantasie angeregt, das Sehen erweitert und die Sensibilität für Farbe und Formen gesteigert werden.
11. Farbstift, Pastellkreide – Pastellstift, Aquarellfarbe, Leimfarbe, Temperafarbe, Kasein, Fett-, Öl- und Wachskreiden, Ölfarbe, Lacke, Filz- und Faserschreiber, Dispersionsfarbe, Silikatfarbe, Buntpapiere, Textilien, Papiere, Beizen, Lasuren, Putze.
12. Die Spur des Farbstifts ist wie die des Bleistifts. Die Art, wie wir ihn ansetzen, und die Druckstärke beim Zeichnen bestimmen den Charakter und die Intensität der Farbstiftspur. Mit dem Farbstift kann man Linien und Strukturen zeichnen und Flächen anlegen. Die Farbstiftlinie kann dünn oder dick, straff oder locker, zart oder intensiv sein. Besonders gut eignet sich der Farbstift für die Darstellung kleiner Motive und für Aufgaben, die äußerste Genauigkeit verlangen.
13. Als Malgrund sind Leinwand, Holz, Metalle und Pappe am gebräuchlichsten. Man vermalt die pastenförmige Ölfarbe mit dem Borstenpinsel, bei feiner zeichnerischer Darstellungsweise mit dem Haarpinsel. Ein Auftrag mit der Spachtel ist auch möglich. Als Verdünnungsmittel verwendet man Terpentinöl oder Testbenzin. Der Farbauftrag kann pastos, halbdeckend oder lasierend sein.
14. Die Freskomalerei ist eine Maltechnik, bei der die mit Kalkwasser angerührten Pigmente auf den frischen, noch nassen Kalkputz aufgetragen werden. Für die Freskomalerei kommen nur völlig kalk- und lichtechte Pigmente in Frage. Die Ausführung darf nur mit weichen Borsten- und Haarpinseln erfolgen.
15. Durch Streichen, Malen, Rollen, Spritzen, Tauchen, Fluten, Gießen, Beizen, Lasieren, Färben, Schablonieren, Wickeln, Spachteln, Verputzen, Kratzen, Zeichnen, Schneiden, Reißen, Kleben, Spannen, Schraffieren, Drucken, Weben, Nähen, Stricken, Flechten.
16. Holz, Papier, Gewebe, Kunststoffe.
17. Ringpinsel, Kluppenpinsel, Kapselpinsel, Flachpinsel, Kielpinsel, Spitzpinsel, Bürsten.

18. Spritzen, Tauchen, Fluten, Drucken, Verputzen.
19. Hochdruck, Tiefdruck, Flachdruck, Durchdruck (Siebdruck).
20. a) Struktur ist der erkennbare gewachsene Aufbau eines Materials. Die Jahresringe und die Poren bei Holz werden als Strukturen bezeichnet.
    b) Die Adern, Einschüsse und Durchdringungen bei Marmor sind Strukturen.
21. a) In der Farbenlehre wird mit Strukturen der erkennbare, gewachsene Aufbau eines Baustoffs bezeichnet.
    b) Das Zusammenfügen von gleichen Materialien zu einer Einheit bezeichnet man als Textur.
    c) Techniken einer materialtypischen Oberflächenbearbeitung werden als Fakturen bezeichnet.
22. Lichtdurchlässig, lichtundurchlässig, lichtdurchscheinend, lichtdurchsichtig.

Zu Kapitel 3

1. Leicht farbig, farbig, bunt.
2. Neutrale Flächen sind weiß, grau oder schwarz. Die Wirkung ist zurückhaltend und unauffällig. Als bunt bezeichnet man Flächen, die mit mehreren hochgesättigten Farben angelegt sind. Die bunte Farbigkeit wirkt meist überladen, laut und dekorativ.
3. Die Umgebung beeinflußt die Farbe in ihrer optischen Wirkung. Sie kann dadurch z. B. heller, dunkler, auffallender, zurückhaltender, aggressiver, passiver oder leuchtender wirken. Jede Farbe ist deshalb abhängig von ihrer Umgebung; sie ist relativ.
4. Jede Farbe ist abhängig von ihrer Umgebung. Sie wird durch sie beeinflußt. Deshalb ist jede Farbe relativ.
5. a) Die dunkle Deckenfläche wirkt schwer und lastend, der Raum wirkt niedriger.
   b) Durch die dunkle Rückwand wird der Raum optisch verkürzt.
   c) Durch den dunklen Fußboden bekommt der Raum Festigkeit und Halt.
   d) Die dunklen Seitenwände lassen den Raum schmäler und höher erscheinen.
6. Ein Raum kann durch Formen breiter, kürzer, höher, länger, kleiner oder schmäler, dynamisch, ruhig, zerstört, harmonisch, aufregend wirken.
7. Raumgröße, Raumform, Raumproportion, Raumrichtung, Raumbegrenzung, Raumbelichtung, Raumbeleuchtung, Raumeinrichtung, Raumausstattung, Raumfunktion, Raumbenützer, Raumverbindung, Raumakustik, Raumluft, Raumerschließung.
8. Wandform, Architektur, Wandausdehnung – Proportionen, Oberfläche – Material, Farbe – optische Erscheinung.
9. Durch Farbe und Material.
10. Viel – wenig, rauh – glatt, weich – hart, glänzend – matt, warm – kalt, hell – dunkel, durchsichtig – undurchsichtig, deckend – lasierend, farbig – nicht farbig, angenehm – abweisend.
11. a) Raumanalyse
    b) gegebene, vorhandene Materialien des Raums
    c) farbig zu gestaltende Flächen im Raum.
12. Gestalterisch: Gestaltungsgrundsätze, Farbrichtung, Farbkontraste, Materialkontraste, Farbharmonie, Formkontraste, Tonwert, Farbdichte, Rangordnung, Raumablauf, Wegführung.
    Psychologisch: Bewohner, Benützer, Farbwirkung, Mode.
    Technisch: Materialien, technische Ausführung, Kosten- und Zeitaufwand, Rentabilität, Pflege.
13. Durch Fotos, Pläne, isometrische und perspektivische Darstellung, Modelle, Skizzen, Farbplan, Farbtabelle, Farbleitplan, Materialplan, technische Vorschläge, schriftliche Begründung, mündliche Erläuterung des Farbkonzepts.
14. International, skandinavisch-finnisch, traditionell, individuell, Stil für junge Leute.
15. Bauweise, Baustil, Architektur, Dach, Wandgliederung, Wandoberfläche, Wandform, Wandöffnungen, Sockel, Besonderheiten des Baukörpers, Vorschriften – Satzungen, gegebene Materialien, Zweck und Lage des Bauwerks, gestalterische, technische und psychologische Grundregeln.
16. Durch Farbentwürfe in isometrischer und perspektivischer Darstellung, Ansichten der einzelnen Seiten des Baukörpers, Fotos, Farb- und Materialpläne, Modell, Farbleitplan, schriftliche und mündliche Begründung.
17. Wand, Sockel, Fenster, Fenstergewände, Fensterläden, Dachaufbauten, Regenabläufe, Dachrinnen, Haustüren.
18. Baukörper – Architektur, Zweck des Bauwerks, Lage des Bauwerks, gegebene vorhandene Farbtöne des Bauwerks, gestalterische Grundsätze, technische und materielle Möglichkeiten, Wünsche des Auftraggebers, Vorschriften und Satzungen.
19. Baulich-räumlicher Zusammenhang, Nutzung, Erscheinung, Entstehungszeit, Verlauf der Straße, Breitenmaß der Baukörper, Kontur, Proportionen, Kontur der Konstruktion, plastische Gliederung und Ornamentik, Verhältnis Öffnung – Masse, Gliederungen der Öffnungen, Straßenzubehör, Material und Farbe.
20. Die Harmonie von Landschaft und Siedlung, die Überschaubarkeit des Lebensraums, die Angemessenheit der Bauformen, der auf den Menschen bezogene Maßstab.
21. Historische Entwicklung, Lage des Dorfes in der Landschaft, Funktion und Funktionsablauf des Dorfes; gegebene, nicht veränderbare Farbtöne; Farbtöne, die bei Putzuntersuchungen an alten Gebäuden ermittelt wurden; Farbtöne, die charakteristisch für den Ort und seine Umgebung sind; Bewohner, Tradition, Grünanlagen, Blumenschmuck, technische Voraussetzungen für einen Neuanstrich, vor allem bei älterem Putz und Mauerwerk, materialgerechtes Vorgehen, handwerklich typische Tradition.

Zu Kapitel 4

1. Die Psychologie ist die Lehre von seelischen Regungen, Funktionen und Erscheinungen. Die Farbpsychologie ist eine Humanwissenschaft und befaßt sich mit der Anwendung der Farbenlehre auf die menschlichen Bereiche.
2. Die Farbe kann beim Menschen verschiedene Wirkungen auf Gefühle und Stimmungen hervorrufen.
3. Die Lieblingsfarben, Farbsymbolik, Farbausdruck, Farbwirkung, Stimmungswirkung, Wahrnehmungsvorgang, Umweltkunde, Farbmetrik.
4. a) Sonne, Licht, Erhabenheit, Eifersucht, Neid
   b) Feuer, Liebe, Leidenschaft, Kampf, Revolution, Dynamik, Zorn
   c) Unendlichkeit, Atmosphäre, Sehnsucht, Kälte, Treue
   d) Ruhe, Natur, Jugend, Geborgenheit, Sicherheit, Hoffnung
   e) Finsternis, Trauer, Tod.
5. a) freudig, bewegt, erwärmend, belebend, anregend, mitteilsam
   b) feierlich, würdevoll, erhaben, prächtig, gebietend
   c) schlicht, vitalisierend, beruhigend, erfrischend, angenehm, naturhaft
   d) blendend, zeitlos, erhebend, zurückhaltend, friedlich, feierlich, festlich, schwebend, zurückstrahlend
   e) vornehm, trostlos, zeitlos, unentschieden.
6. Für unsere Umwelt benötigen wir bestimmte Ordnungsprinzipien, und diese müssen überall gleich sein. Sie dienen für einen sicheren und rationellen Ablauf.
7. a) Halt! Unmittelbare Gefahr, Notschalteinrichtungen, Verbote, Brandbekämpfung
   b) Vorsicht! Möglicher Gefahr, Hinweis auf Gefahren wie Feuer, Explosion, Strahlen und chemische Einwirkungen, Kennzeichnung von Schwellen, gefährlichen Durchlässen, Hindernissen

c) Gefahrlosigkeit, Erste Hilfe, Kennzeichnung von Rettungswegen und Notausgängen
d) Gebotszeichen, Hinweis oder Unterrichtung, Verpflichtung zum Tragen einer persönlichen Schutzausrüstung.
8. a) Weiß
   b) Schwarz
   c) Weiß
   d) Weiß
9. Rohrleitungen werden nach dem Durchflußstoff durch farbige Schilder mit RAL-Farben gekennzeichnet. Die Schilder enthalten die Bezeichnung des Durchflußstoffes oder ein hierfür festgelegtes Kennzeichen.
10. a) Grün RAL 6010
    b) Rot RAL 3003
    c) Blau RAL 5009
    d) Orange RAL 2000
    e) Braun RAL 8001
    f) Grau RAL 7002
11. Die Sicherheitszeichen sollen die Erkennbarkeit und Wirkung der Sicherheitsfarben unterstützten.
12. Rationalisierung und Einsparung in allen Zweigen der Farbenbranche.
13. Vorteile: Einfache vierstellige Numerierung der registrierten Farben erleichtert die Übersicht und die Verständigung im Geschäftsverkehr und schließt Verwechslungen aus. Eine Bemusterung ist überflüssig. Wiederkehrender Bedarf kann überall leicht erworben werden. Für Handwerk und Industrie sind die Farben gleich. Die Farbmuster am Rande der Registerkarte gewähren einen sicheren Farbvergleich bei der Abnahme und Nachprüfung auf Farbübereinstimmung. Rationell für die farbenerzeugende, farbenhandelnde und farbenverbrauchende Wirtschaft. Eine klare Verhandlungsbasis für Farbberater, Handwerker und Kunde.
Nachteile: Die Farbauswahl ist zu gering für individuelle Wünsche. Kein logischer Aufbau eines Farbsystems. Gefahr der farblichen Vereinheitlichung unserer Umwelt.
14. a) RAL 1000 = Gelb
    b) RAL 2000 = Orange
    c) RAL 3000 = Rot
    d) RAL 4000 = Lila/Violett
    e) RAL 5000 = Blau
    f) RAL 6000 = Grün
    g) RAL 7000 = Grau
    h) RAL 8000 = Braun
    i) RAL 9000 = Weiß/Aluminium/Schwarz
15. Dieses Farbsystem basiert auf 24 Bunttönen (24teiliger Farbtonkreis) und deren Varianten, die sich nach ihrer Bunttonzahl, Sättigungsstufe und Dunkelstufe ordnen.
16. Der Mensch empfindet sechs Grundfarben als reine Farben. Es sind dies die bunten Grundfarben Gelb, Rot, Blau und Grün sowie die unbunten Grundfarben Weiß und Schwarz.
17. NCS ist das Ergebnis der Forschungsarbeiten, die seit 1964 durch die Stiftung Schwedisches Farbzentrum von Wissenschaftlern unter Führung von Andreas Hård durchgeführt worden sind. Es baut auf den Theorien des deutschen Physiologen Ewald Hering auf.
18. Im ACC-System werden Farben nach den drei Grundeigenschaften – Farbton, Sättigung und Helligkeit – farbmetrisch und empfindungsmäßig bestimmt, geordnet und gekennzeichnet. Um diese Grundeigenschaften anschaulich darzustellen, bedient sich das ACC-System eines Zylinders.

Literaturverzeichnis

Arnold, Wolfgang: Farbgestaltung, Berlin-Ost 1975
Bleckwenn, Ruth/Beate Schwarze: Gestaltungslehre, Hamburg
Croy, Peter: Form + Technik, Göttingen 1964
Doerner, Max: Malmaterial und seine Verwendung im Bilde, Stuttgart 1980
Düttmann, Martina/Friedrich Schmuck/Johannes Uhl: Farbe im Stadtbild, Berlin 1980
Edelmann, Albert/Otto Eichele/Otmar Gukkenberger: Maler, Lackierer und verwandte Berufe, Stuttgart 1974
Fredden, M. H. von/Karl Lamb: Tiepolo, Die Fresken der Würzburger Residenz, München 1956
Frieling, Heinrich: Gesetz der Farbe, Göttingen 1978
Frieling, Heinrich/Else L. Browers/Sigrid Knecht: Lebendige Farbe, Göttingen 1974
Gericke, Lothar/Klaus Schöne: Das Phänomen Farbe, Berlin-Ost 1970
Gerritsen, Frans: Farbe, Ravensburg 1975

Gerstner, Karl: Geist der Farbe, Stuttgart 1981
Gombringer, Eugen/Günther Wirth: Konkretes von A. Stankowski, Stuttgart 1974
Guckenberger, Otmar: Fachzeichnen im Berufsfeld Farbtechnik und Raumgestaltung, Stuttgart 1980
Gut, Gerhard: Handbuch der Lichtwerbung, Stuttgart 1974
Hayes, Colin: Zeichnen und Malen, Ravensburg 1980
Heuser, Karl Chr.: Innenarchitektur + Raumgestaltung, Wiesbaden 1976
hülsta: Vorbildlich Wohnen, Stadtlohn 1983
Itten, Johannes: Kunst der Farbe, Ravensburg 1970
Kaiser, Ursula: Kreatives Sehen und Werken, Ravensburg 1980
Kast + Ehinger: thema farbe, Stuttgart
Lohwald Industriewerke: Keim Information, Augsburg
Magnus, Günter Hugo: Du Mont's Handbuch für Graphiker, Köln 1983

Marx, Ellen: Die Farbkontraste, Ravensburg 1973
Prölß, Gottfried: Wände – ein gestalterisches Mittel in der Architektur, aus: Keramik am Bau, 1960
Sikkens: Handbuch für Farbgestaltung, Hannover-Garbsen
Simons, Detlef: Dorffibel, Stuttgart 1979
Sponsel, Kurt/W. Wallenfang: Lexikon der Anstrichtechnik, München 1981
Zeugner, Gerhard: Farbenlehre für Maler, Berlin-Ost 1968
DIN 2403 Deutscher Normenausschuß, Berlin 1984
DIN 4844 Deutscher Normenausschuß, Berlin 1980
DIN 6164 Deutscher Normenausschuß, Berlin 1984
RAL 840 HR Farbregister, Göttingen 1964
NCS-Natural Colour System, Stockholm
ACC-Farbsystem, Hannover-Garbsen 1978

Abbildungsnachweis

Albrecht 51, 1
Bartholomaeus 106 li. u.
Bauer 99, 5, 6
Beck 35, 7
Berger 30, 3–6
Brecheis 59 r. 2. v. u. I. vom Bruch 99, 3, 4
Class 100, 1, 2, 3, 4; 107, 5, 6
Das Deutsche Malerblatt 7 r. o., r. m.; 14, 2; 15, 1; 21, 8; 35, 8; 53 r. 2. v. o.; 54 r. o., r. 2. v. o., r. 2. v. u., li. 2. v. u.; 55 r. 2. v. o.,r. u.; 56 r. u.; 57 li. 2. v. u., r. 2. v. u.; 59 li. o., li. 2. v. o., li. u., r. o., r. u.; 60 li. o., li. 2. v. o., li. 2. v. u., r. 2. v. o. r. 2. v. u.; 61 li. o., li. 2. v. o., r. 2. v. o.; 62 r. o.; 63 r. 2. v. o.; 64 li. 2. v. o., r. 2. v. o.; 65 li. 2. v. u.
Döpfner 112–114
Edelmann/Eichele/Guckenberger, Maler, Lackierer und verwandte Berufe 10 r. u.
Fredden/Lamb, Tiepolo 57 li. 2. v. o., r. 2. v. o.; 59 r. 2. v. o.
Galgenmüller 21, 2
Geisel 21, 1
Grieshaber 65 r. 2. v. u.
G. Guckenberger 65 r. o.
P. Guckenberger 56 r. 2. v. o., r. o.
Hirsch 64 r. o.
Industriewerke Lohwald 57 li. o., r. o.
Kammerer und Belz 110 li. o.
Kast und Ehinger, thema farbe 5, 10 r. u.; 13 r. u.; thema farbe 17, 22, 3, 4
Henri Mangnin 53 r. u.
F. Mezger 26, 8; 28, 8; 31, 8; 121, 1, 2, 3
G. Prölß, Wände–ein gestalterisches Mittel in der Architektur 90–94
RAL 127
Ratgeber Farbe 26, 7
Reichert/Guckenberger 118
Sautter 115 r. m., r. u.; 119, 1; 121, 3
Schnee 107, 1, 2
Schülerarbeit 20, 4; 21, 3, 7 (nach einem Entwurf von G. Prölß); 24, 1–8; 25, 1–8; 26, 1–6; 28, 1–7; 30, 7, 8; 31, 1–7; 33, 1–4; 34, 2; 35, 1, 2, 5, 6; 37, 2, 4, 5, 7, 8; 41, 1; 46, 1–9; 47, 1–4; 48, 1–6; 49, 1–5; 50, 1–6; 52, 1–9; 54 li. u.; 55 li. 2. v. o., li. 2. v. u., li. u.; 56 li. o. (nach einem Original von A. Stankowski), li. u.; 60 r. o.; 61 r. 2. v. u., r. u.; 62 r. 2. v. o., r. u.; 62 r. 2. v. o. (nach einem Entwurf von A. Baumann); 63 r. 2. v. u. (nach einem Entwurf von P. Henrichs), r. u.; 64 r. 2. v. u., r. u.; 66 r. 2. v. o.; 67, 3, 5; 95 r. u.; 96, 1, 2; 99, 1, 2, 7, 8; 100, 5, 6; 107, 3, 4; 110 li. u.; 111 o., m., li. u.; 116, 3; 119, 2, 3, 4; 121, 2
Schwenk 106 li. o., li. m.
A. Stankowski 56 r. o.
Stadt Pfullingen 117, 1, 2, 3
Bruno Stärk 53 r. 2. v. u.
Die Abbildungen S. 124, 1, 2; 125 und 126 werden wiedergegeben mit Erlaubnis des DIN Deutsches Institut für Normung e. V.

Register

Absorption 13
ACC-Farbsystem 131
Alkydharzlack 55, 56
Aquarellfarben 53
Architektur 69 ff., 121
Auge 8

Beizen 61

CIE-Farbtafel 15
Collage 64

DIN 2403 126
DIN 4844 124, 125
DIN 5033 15
DIN-Farbkarte 128
Dispersionsfarbe 56
Drucken 65

Fakturen 66
Farbauftrag 58 ff.
Farbausmischung 50 ff.
Farbberatung 101, 105
Farbdichte 86 f.
Farbe 7, 69 ff., 73 ff., 95
Farbe-an-sich-Kontrast 20
Farbempfindung 88
Färben 62
Farbenlehre 7 ff.
Farbkontraste 20 ff.
Farbkonzept 99, 104, 106, 108 ff., 115, 117, 119
Farbleitplan 118
Farbmetrik 14 f.
Farbmischung, additive 11
Farbmischung, subtraktive 13
Farbordnung 123 ff.
Farbplan 96
Farbpsychologie 123
Farbregister 127
Farbstift 53
Farbsymbolik 123
Farbtonkreis 17
– quantitativer 34
– sechsteiliger 17
– vierundzwanzigteiliger 19
– zwölfteiliger 18
Farbwirkung 69
Faserschreiber 56
Fassade 104, 105
Fassadenfarbe 112
Fettkreide 54
Filzschreiber 56
Flimmerkontrast 41
Fluten 61

Gesichtssinn 8
Gießen 61
Glaskörper 8

Hell-Dunkel-Kontrast 22
Hornhaut 8

Innenraum 73 ff., 101
Iris 8

Kalt-Warm-Kontrast 29 ff.
Kasein 54
Kennfarbe 126
Kleben 63
Kombinieren 65
Komplementär-Kontrast 27 f.
Körperfarbe 13
Kratzen 63

Lasieren 62
Leimfarbe 54
Licht 10
Lichtbrechung 11
Lichtfarbe 11

Lichtquelle 10
Lichtstrahlen 10
Linse 8

Malen 59
Malübungen 47 ff.
Material 66 ff.
Material-Kontrast 67
Materialplan 96
Mosaik 57

NCS-Natural Colour System 129
Netzhaut 9
Nitrozelluloselack 55

Ölfarbe 55
Ölkreide 54
Optik 10
optische Raumveränderung 80 f.

Pastellkreide 53
Pastellstift 53
Physiologie 8
Pinselübungen 45 ff.
Polyesterlack 55
Primärfarben 16

Quantitäts-Kontrast 32 ff.

RAL 840 H 127
Raum 84, 90
Raumabfolge 93
Raumanalyse 84
Raumveränderung, optische 80 f.
Reflexion 12
Refraktion 13
Reißen 64
Remission 12
Rollen 59

Sättigungskontrast 36 f.
Schablonieren 59
Schmuckfarbe 112
Schneiden 63
Schraffieren 65
Schrift 121
Seccomalerei 57
Sehen 9
Sehnerv 9
Sekundärfarbe 16
Sicherheitsfarbe 124
Sicherheitszeichen 125
Silikatfarbe 57
Simultankontrast 38 f.
Spachteln 62
Spannen 64
Spektrum 10, 11
Spritzen 60
Streichen 59
Strukturen 66
Sukzessivkontrast 40

Tapezieren 64
Tauchen 61
Techniken 44 ff., 53 ff., 58 ff.
Temperafarbe 54
Tertiärfarbe 16
Texturen 66
Tonwert 84
Transmission 12

Verputzen 63

Wachskreide 54
Wand 90, 92
Wandfolge 93
Wegführung 94
Wickeln 62

Zeichnen 65